完·全·图·解

零基础照明采光

超简单精通

张泽安　编著

化学工业出版社

·北京·

内 容 简 介

本书以"便携、速查、图解"为出发点，系统介绍现代照明采光设计的方法与技术要点，重点介绍了不同空间的照明采光设计方法与应用技巧，并提供大量空间环境的照明采光设计工程实际案例，充分展现了现代照明采光设计的细节与魅力。本书附带配套二维码和真实案例，读者可用手机扫码观看，方便阅读和使用。

全书采用图、表、文并茂的形式，四色印刷，内容表述直观、通俗易懂，能帮助读者快速掌握现代照明采光设计理念与新技术、新工艺。本书对于室内光环境设计师、室内设计人员和从事与建筑照明设计有关的专业人员、学生和自学者有较大参考价值；同时，也可作为建筑设计、环境设计、电气与照明等专业的教学参考书或辅导教材。

图书在版编目（CIP）数据

完全图解：零基础照明采光超简单精通 / 张泽安编
著. 一北京：化学工业出版社，2022.11（2024.1重印）
ISBN 978-7-122-42041-1

Ⅰ. ①完… Ⅱ. ①张… Ⅲ. ①建筑照明－采光－基本
知识 Ⅳ. ① TU113.6

中国版本图书馆 CIP 数据核字（2022）第 153641 号

责任编辑：朱　彤　　　　　　　　　装帧设计：水长流文化
责任校对：边　涛

出版发行：化学工业出版社（北京市东城区青年湖南街 13 号　邮政编码 100011）
印　　装：北京缤索印刷有限公司
787mm×1092mm　1/16　印张 10½　字数 227 千字　2024 年 1 月北京第 1 版第 2 次印刷

购书咨询：010-64518888　　　　　　售后服务：010-64518899
网　　址：http://www.cip.com.cn
凡购买本书，如有缺损质量问题，本社销售中心负责调换。

定　　价：59.80 元

合理的光环境，不仅能够彰显美感，还能使空间环境符合人的身心需求。在空间环境设计中，光环境的实现往往要通过两个渠道：一是人工采光，即照明；二是自然采光或天然采光。照明和采光作为空间环境设计中的重要环节，对其艺术审美性和节能、环保的要求也越来越高。

本书是一本一看就懂的实用图解照明采光设计指导工具书，内容涵盖了不同建筑空间照明采光设计方法与应用技巧。其中，第一章主要讲解光环境与照明基础、各种传统与节能灯具以及有关案例；第二章主要讲解照明与电学基础、电路设计有关案例；第三章主要讲解照明量、照明数据计算以及有关案例；第四章主要讲解各种照明方式与类型；第五章至第八章，主要讲解并给出：自然采光基础与天然采光设计有关案例；家居住宅、办公与文化展示空间、商业空间的照明设计细节与具体案例解析，包括办公区、博物馆、书店、酒吧、咖啡馆、服装与珠宝专卖店等。由于市场波动等原因，书中所列商品价格仅供参考。特别需要说明的是，本书附带配套二维码（视频）和真实案例，读者可用手机扫码观看，方便阅读和使用。为了在较短时间内全面掌握相关知识，建议读者重点关注以下内容。

（1）照明采光设计主要分为室外照明采光与室内照明采光。室外照明采光以自然光为主，室内照明采光则以灯光为主。灯光能为空间增添丰富的视觉层次感。通过对本书的学习，读者除了能够掌握照明采光设计基本法则、提升设计意识与灯光设计审美之外，还可掌握必要的理性分析与表达能力。此外，建议读者还应经常考察当地灯具市场并通过电商平台，获得一手的产品信息与市场价格，随时将灯具商品转换为设计产品，才能为圆满完成项目设计打下坚实基础。

（2）照明设计分为直接照明、间接照明等形式。直接照明易形成眩光，在设计照明时要优化处理眩光带来的弊端，这也是本书讲述的重点。间接照明主要用于营造空间氛围，能为空间提供比较柔和的照明效果。在照明设计中，多将这两种照明方式相互搭配，塑造出完美的空间意境。

（3）照明采光设计应当更加注重节能、环保和经济性。本书详细介绍了大量建筑空间环境的照明设计工程案例，不少案例还给出了灯具分布数量与计算步骤，所列公式与数据尽量简明扼要，便于零基础读者快速掌握。

本书由张泽安编著。参与本书工作的其他人员还有黄溜、朱涵梅、王瑶、刘嘉欣、王璠、万丹、朱钰文、汤留泉、万阳、张慧娟、董豪鹏、曾庆平、彭尚刚、张达、万财荣、杨小云、吴翰。

由于时间和水平有限，不足和疏漏之处在所难免，敬请广大读者批评、指正。

编著者
2022年6月

目录

第一章　照明采光基础

第一节　光基础与光环境 /2
一、光的基础知识　/2
二、光环境　/3
三、光环境应用　/5

第二节　照明基础概念 /6
一、照明术语　/6
二、照度范围　/7

第三节　传统灯具光源 /7
一、白炽灯　/7
二、钠灯　/8
三、荧光灯　/8

第四节　LED灯具 /9
一、LED光源特性　/10
二、LED灯具应用范围　/10

第五节　室内灯具品种 /12
一、吊灯　/12
二、台灯　/13
三、落地灯　/14
四、吸顶灯　/14
五、暗灯　/15
六、壁灯　/15
七、筒灯　/16
八、射灯　/16
九、发光顶棚　/18

第六节　照明采光案例解析 /19
一、某俱乐部与某酒吧照明设计　/19
二、博物馆采光设计　/20

第二章　照明电路基础

第一节　照明与电学基础 /24
　　一、照明电压　/24
　　二、强电与弱电　/28

第二节　照明电路布置 /29
　　一、照明电路设计要领　/29
　　二、照明供电回路设计　/30
　　三、照明电路设备　/31
　　四、照明电路设计与实施步骤　/32
　　五、空气开关与配电箱　/33
　　六、导线布置方法　/34
　　七、明敷与暗敷　/34
　　八、照明导线　/36

第三节　照明电路设计案例解析 /37
　　一、家居住宅照明电路设计　/37
　　二、办公区照明电路设计　/40

第三章　照明计量化设计

第一节　照明数据化 /44
　　一、根据光通量选择灯具　/44
　　二、照明功率密度　/45
　　三、根据空间类型选择空间照度值　/46

第二节　照明数据计算 /50
　　一、平均照度值计算方法　/51
　　二、照明设计的照明功率密度计算　/53

第三节　照明数据计算案例解析 /54
　　一、办公室照明数据计算　/55
　　二、会议室照明数据计算　/55
　　三、教室照明数据计算　/56

第四章　照明方式选择

第一节　照明类型选用 / 58
　　一、直接照明 / 58
　　二、半直接照明　/ 59
　　三、间接照明 / 59
　　四、半间接照明　/ 60
　　五、漫射照明　/ 61

第二节　直接照明与间接照明特色 / 61
　　一、直接照明的照度感 / 62
　　二、间接照明的视觉感　/ 63

第三节　艺术照明 / 66
　　一、多样化的艺术照明　/ 66
　　二、艺术照明的功能　/ 69
　　三、艺术照明方式　/ 71
　　四、艺术照明原则与程序　/ 74

第五章　采光设计

第一节　自然光基础 / 78

第二节　自然采光设计 / 78
　　一、光与空间 / 78
　　二、建筑形体与采光　/ 79
　　三、采光口设计　/ 80
　　四、自然光采光技术　/ 82

第三节　窗洞口设计形式 / 84
　　一、侧窗　/ 85
　　二、天窗　/ 85

第四节　材料反光与透光 / 86

第五节　天然采光设计案例解析 / 88
　　一、整理设计要求 / 88
　　二、确定门窗洞口　/ 89
　　三、住宅天然采光　/ 89
　　四、博物馆天然采光　/ 91

第六章　家居住宅照明设计全解

第一节　住宅功能区照明设计 / 95

一、玄关照明 / 95

二、客厅照明 / 95

三、餐厅照明 / 96

四、卧室照明 / 97

五、书房照明 / 98

六、厨房照明 / 98

七、卫生间照明 / 99

八、楼梯、走廊照明 / 100

第二节　照明设计细节 / 100

一、选择合适的灯具 / 100

二、确保照明的安全性 / 101

三、照明要能提升空间感 / 102

四、儿童房照明的特殊处理 / 102

第三节　住宅照明案例解析 / 103

一、白色与光的结合 / 103

二、用创意改变生活 / 104

三、多样性与统一性 / 105

四、组合设计更显照明魅力 / 106

五、适当的照度体现艺术感 / 107

六、巧用射灯为空间增彩 / 108

七、合理布置光源 / 108

八、根据空间大小选择照度 / 109

第七章　办公与文化展示空间照明设计全解

第一节　办公区照明 / 112

一、分区域重点照明 / 112

二、避免眩光 / 114

三、注重墙面和顶棚照明 / 115

四、选择合适的反射材料 / 115

五、均匀的光照 / 116

六、办公区照明案例解析 / 116

第二节　博物馆照明 / 118
　　一、提升展品照明的艺术性 / 118
　　二、展示照明设计技巧 / 122
　　三、博物馆照明案例解析 / 123
第三节　书店照明 / 125
　　一、统一照明 / 125
　　二、照明设计要有条理 / 126
　　三、书店照明案例解析 / 130

第八章　商业空间照明设计全解

第一节　酒吧照明设计 / 133
　　一、分区域照明渲染 / 133
　　二、酒吧照明案例解析 / 135
第二节　咖啡馆照明设计 / 137
　　一、照明设计分点解析 / 137
　　二、照明要注重氛围的营造 / 140
　　三、咖啡馆照明案例解析 / 141
第三节　服装专卖店照明设计 / 143
　　一、合适的照明方式突出主题 / 143
　　二、照明设计的原则 / 146
　　三、服装专卖店照明案例解析 / 149
第四节　珠宝专卖店照明设计 / 151
　　一、巧用灯光彰显店面奢华感 / 151
　　二、综合考虑照明设计 / 154
　　三、珠宝专卖店照明案例解析 / 155

参考文献 / 158

第一章

照明采光基础

阅读难度： ★ ☆ ☆ ☆ ☆

重点概念： 光环境、照明设计、灯具、设计程序

章节导读： 照明采光的主体是光，光不仅能满足人们的视觉需要，而且是一项重要的美学因素。光可以形成空间，它直接影响人对物体大小、形状、质地、色彩的感知；照明采光是室内设计、建筑装饰设计的重要组成部分。

▶ 微信扫码 ◀

▶ 微信扫码 ◀

↑ **餐厅照明**

照明设计应当具有创意：对普通灯具进行改造，精确计算灯光照度，合理分布灯光点位，让灯光散发出符合空间氛围的视觉效果。这是一处公共餐厅，照明灯具选用复杂多变的款式，让简洁的室内空间丰富多彩，灯具发光体分布在复杂的装饰构件中央，将光线分散透射，形成丰富的层次。

第一节 | 光基础与光环境

一、光的基础知识

1.光的概念

照明采光的主体是光。光是属于一定波长范围的电磁辐射。在整个电磁辐射范围内，只有波长在380～780nm的电磁辐射，才能刺激视觉器官，引起视觉与色觉。人们将这一波段的电磁辐射称为可见光。

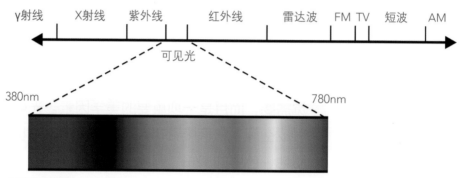

↑可见光范围

700nm为红色；580nm为黄色；510nm为绿色；470nm为蓝色；紫外线波长一般为100～380nm，人眼看不见。红外光在真空中波长为750nm～1mm。太阳是天然的红外线发射源。白炽灯的波长为400～1050nm，其中包括一部分红外线。

2.光的度量指标

光的度量指标可参考表1-1。

表1-1 光的度量指标

名称	符号	单位	说明
光通量	Φ	流明（lm）	光源每秒钟发出可见光量之总和，又称为发光量
发光强度	I	坎德拉（cd）	一个点光源在给定方向上立体角元内所发射的光通量与该立体角元之商，常简称为光强
照度	E	勒克斯（lx）	照射到表面某处微面积上的光通量除以该面积所得的商，又称光照强度，或光照度
色温	K	开尔文（K）	当某种光源的光线颜色，等同于或近似某黑色金属块在加热过渡过程中出现的颜色色光时的温度，又称光源的颜色温度

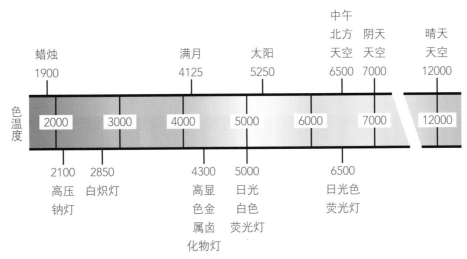

↑光的色温（单位：K）

光的色温以5000K为基准，低于5000K为暖光，高于5000K为冷光；色温越高，光中蓝色的成分越多，红色的成分越少。

二、光环境

光环境可分为自然光与人工光。自然光主要是指日光。自然采光是一种利用自然光给室内空间照明的方式。人工光的光源是各类灯光，其使用不受时间限制，可改变光线投射方向、角度，调节光照强度或照度，甚至调整光的色温。人工采光是一种利用人工光给室内空间照明的方式。

↑自然采光

自然采光根据采光口不同，所形成的室内氛围也有所不同；设计自然采光时，要充分结合室内空间的使用功能，以及设计特点、设计风格和当地气候等因素。

↑人工采光

人工采光能够创造不同的氛围环境，灯具的大小、造型、安装位置、安装数量等都会影响照明的视觉效果。

1.自然采光

在室内设计中，自然采光是首要采光方式。自然采光主要依靠设置在墙和屋顶中的窗洞口来获得自然光，采光效果取决于采光口面积、形状、方向、透光材料、外部遮挡程度等因素。此外，根据光源方向，还可分为侧窗和天窗两种采光形式。

↑侧窗自然采光

侧窗是在室内侧墙上开的采光口，侧面采光有单侧、双侧、多侧之分；根据采光口高度和位置不同，还有高、中、低侧采光之分。

↑天窗自然采光

天窗是在室内空间顶部开设的采光口，顶部采光率约是同样面积侧窗的3倍以上。

阳光普照万物，给人们带来了无限的生机与活力。空间设计加上对自然光的利用，会形成点、线、面多种光影效果，通过精心设计能形成微妙的层次感，光与影的相互交融能营造出良好的环境氛围。

↑清新自然的空间

自然光对创造自然清新的空间环境有着重要作用；同时，欢快而明亮的空间氛围也能给人积极向上的感觉。

↑光影效果

自然光会随着太阳的变化与昼夜更替所产生的角度、冷暖、强弱等有所改变，这使光影显得更加丰富、生动。

Tips　自然采光调节

　　设计自然采光时可不必获得自然光的最大效果，但是要对自然采光进行调节。可以利用窗帘、采光格栅、天窗等对直射光进行调节，以获得合适、稳定的采光；也可以利用自然采光与人工照明相结合的方式以弥补、改善自然光线强度变化的不稳定与色温单一等缺陷。

2.人工采光

　　室内人工采光比自然采光更具有可塑性，可以通过光源的形状、颜色、亮度、反射等特性创造出令人赏心悦目的光环境。

↑氛围人工采光

氛围人工采光主要通过色温来表现，多采用暖色光表现出紧凑、温暖的氛围。

↑装饰人工采光

装饰人工采光多采用小功率灯具照明，利用反射、折射等手段变化出多种灯光造型。

三、光环境应用

　　室内空间主要通过地面、墙面、屋面或顶棚等构件围合而成，光线可透过墙顶面上的缝隙、开口进入室内。

　　商业空间设计的首要目的就是要引起消费者对产品的注意，或者让消费者的体验感升级。在照明设计时，应从光源的布局、形态、颜色等方面入手，可以随意布置光源，也可以采用自然组合的灯光形式以获得轻快的视觉效果，达到活跃空间气氛的目的。

　　工作空间等场所常使人处于紧张状态，照明设计时可考虑适当调节严肃的灯光氛围，使工作人员获得一定程度的放松。此外，自然光和人工光应以直接照明为主，适当减少装饰照明，可在保证空间亮度的前提下增强视觉真实感。

↑商业餐饮空间

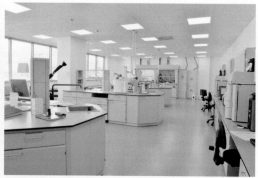

↑科研工作空间

灯光多以鲜艳的暖色为主，暖色能使人联想到阳光与火焰，从而引起情感波动，产生热烈欢快的情绪共鸣。为了更好营造餐饮空间中的欢快气氛，在设计中应采用多元化照明来丰富室内环境。

科研工作空间的环境氛围要能起到提高工作效率的作用，可利用单一、明快的照明来实现；光源的大小、形态应当尽量保持一致；光源颜色应简化，以无彩色或略偏冷色为主要色调。

第二节 | 照明基础概念

一、照明术语

照明术语是对照明专业知识的概括，能清晰反映照明设计过程所应用的主要专业词汇与概念。常见照明术语可参考表1-2。

表1-2 常见照明术语

名称	说明
显色性	描述光源与参照标准光源相比拟时显现物体颜色特性的一个参量，以显色指数（CRI）来评估光源的显色性；用于照明的光源一般要求CRI在70左右；CRI大于80的光源被认为其显色性好
灯具效率	在相同使用条件下，灯具发出的总光通量与灯具内所有光源发出的总光通量之比
光源发光效能（光效）	光源发出的光通量除以所消耗功率之商，单位为lm/W；常简称为光效
眩光	在视野内出现高亮度或过大亮度对比而导致的视觉不舒适，或降低可见度的现象
功率因数	电路中有用功率与视在功率（电压与电流的乘积）的比值
光束角	由光束发光强度轴向峰值的10%或50%边界线之间对应的角度，又称光束宽度。

二、照度范围

合适的照度有利于保护视力并提高工作、学习效率。照度的大小取决于发光强度，还同光源距被照面距离有关，照度在一定程度上决定了空间环境的明亮程度。推荐照度范围可参考表1-3。

表1-3 推荐照度范围 单位：lx

序号	照度范围			空间或活动
	低	合适	高	
1	20	35	50	常见室内空间，如走廊、楼梯间、卫生间、咖啡厅、酒吧等
2	40	100	150	短途旅程或流通空间，如电梯前室、客房服务台、酒吧柜台、营业厅、值班室、电影院、进站大厅、门诊室、商场通道区等
3	100	150	200	非连续使用的工作空间，如办公室、接待室、商品销售区、厨房、检票处、广播室、理发店等
4	200	300	500	简单视觉作业空间，如阅览室、设计室、陈列室、展览厅、常规体育场馆等
5	300	500	750	中等视觉作业空间，如绘图室、印刷车间、木材机械加工车间、汽车维修车间等
6	500	800	1000	高强视觉作业空间，如棋类等比赛场馆、小件装配车间、电修车间、抛光车间等
7	1000	1500	2000	较难视觉作业空间，如手术室、常规实验室等
8	2000	2500	3000	特殊视觉作业空间，如特殊实验室、工作室等

第三节 传统灯具光源

灯具是指能透光、分配和改变光源光分布的器具，包括除光源外所有固定和保护光源所需的全部零部件，以及与电源连接所必需的线路附件。其一般指由光源、灯罩、附件、装饰件、灯头、导线等部件装配组合而成的照明器具。

一、白炽灯

白炽灯是用通电的方法，将灯丝元件加热到白炽态而发光的光源。白炽灯主要由玻壳、灯丝、导线、感柱、灯头等组成。

二、钠灯

钠灯是利用钠蒸气放电产生可见的电弧光来照明。钠灯又分为低压钠灯和高压钠灯。高压钠灯是针对低压钠灯单色性强、显色性差、放电管过长等缺点而研制的。

↑白炽灯

白炽灯光源小，具有种类极多的灯罩形式，通用性大，品种多，光色和集光性能很好；缺点是使用寿命短，发光效率低。

↑高压钠灯

高压钠灯广泛应用于高速公路、机场、车站、广场、工矿企业，以及公园、庭院、植物栽培等。

三、荧光灯

荧光灯分为传统型荧光灯和无极荧光灯。传统型荧光灯即低压汞灯，是利用低气压的汞蒸气在放电过程中辐射紫外线，从而使荧光粉发出可见光的原理发光。无极荧光灯即无极灯，它取消了传统荧光灯的灯丝和电极，其发光原理和传统荧光灯相似，有寿命长、光效高、显色性好等优点。

T型标准是条形、环形荧光灯灯管规格的计量方式。其中，字母"T"代表"Tube"，表示是管状的灯管。每一个"T"就是1/8英寸[1英寸（in）=25.4mm]，那么T8灯管的直径就是25.4mm。目前，T型灯管的规格主要有T1（直径3.2mm）、T2（直径6.4mm）、T3.5（直径11.1mm）、T4（直径12.7mm）、T5（直径16mm）、T6（直径20mm）、T8（直径25.4mm）、T10（直径31.8mm）、T12（直径38.1mm）。

T型标准也适用于LED灯管。越细的灯管，效率越高，也就是相同功率光效高。在实际使用中，细灯管容易隐蔽，使用场合也灵活；T4、T5灯管使用频率更高。

↑ 荧光灯泡

荧光灯泡所散发的光线比钨丝灯泡来得冷，但却非常省电，也很耐用。因此，在市面上是比较经济、实惠的选择。荧光灯泡里面安装有变压器，将220V交流电转为9V直流电，低压供电能延长使用寿命。

↑ 条形荧光灯管

条形荧光灯管又称为日光灯管，呈长条状，直径多为25.4mm以内；其灯管内部一般无变压器，需要在灯光罩或灯管基座上另装变压器。

↑ 回形荧光灯管

回形荧光灯管多用于中小型吸顶灯，内部安装有变压器，整体安装、拆除方便。

第四节 LED灯具

LED灯具常简称为LED，又称为发光二极管。它是一种半导体发光器件，是利用固体半导体芯片作为发光材料，当两端加上正向电压时，半导体中的载流子发生复合引起光子发射而产生光。LED灯具是21世纪令人瞩目的光源，具有广阔的照明前景。例如，LED光源可以制成点、线、面各种形式的轻薄短小产品；同时，只要调整电流，就可以随意调节LED光源的亮度。LED光源不同光色的组合，使得最终的照明效果愈加丰富多彩。

↑ 发光二极管

发光二极管的基本结构是一块电致发光的半导体晶片，置于一个有引线的架子上，起到保护内部芯线的作用，抗振动性能好。

↑ LED灯管

LED灯管是模拟条形荧光灯管的发光体，将发光二极管组合排列在条形灯架上，形成匀称、均衡的发光效果。

↑ LED软灯带

LED软灯带适用于造型吊顶内部；同时，还具备不同光色。

一、LED光源特性

1.发光效率高

白炽灯光效为10～15lm/W，卤钨灯光效为15～24lm/W，荧光灯光效为50～90lm/W，钠灯光效为90～140lm/W，这些传统光源将大部分电能变成了热量损耗。LED光效则可达到130～200lm/W，而且其发光的单色性好，光谱窄，无需过滤，可直接发出有色可见光。

2.耗电量少

LED单管功耗为0.03～0.06W，采用直流驱动；单管驱动电压为1.5～3.5V，电流在15～18mA内，响应速度快。在同样的照明条件下，其耗电量是白炽灯的0.1%，荧光灯管的50%。

3.使用寿命长

白炽灯、卤钨灯、荧光灯均采用热辐射发光形式，具有发光易热等特点，平均寿命为1000～5000h；而LED灯具正常使用寿命可达3～5年（24小时亮灯）。

4.利于环保

LED为全固体发光体，耐冲击不易破碎；相较于传统照明设备，废弃物可回收，改善了环境。

↑博物馆灯光

LED光源发热量低，无热辐射，具有多种色温光源效果，适用于博物馆等处的展示照明；其能精确控制发光角度、光色，无眩光，不含汞、钠等可能危害人类健康的元素。

↑西餐厅灯光

LED灯具运用广泛，如常见的西餐厅等；LED灯具发光温度相对较低，不会让室内温度升高导致食物变质；同时，LED灯具体积小，能安装大体量散热片或风扇。

二、LED灯具应用范围

LED灯具应用范围比较广，在许多场所都能应用，如建筑物外观照明、标识与指示性照明、景观照明、展示照明、舞台照明、道路指示照明、LED显示屏等。

1.建筑物外观照明

建筑物外观照明是指使用控制光束角的圆头和方头形状的投光灯具对建筑物某个区域进行投射。由于LED光源小而薄，LED线条灯的研发无疑成为LED投射灯具的一大亮点。

2.标识与指示性照明

标识与指示性照明适用于空间限定和引导，如楼梯踏步的局部照明、紧急出口的指示照明，均可以使用表面亮度适当的LED自发光埋地灯或嵌在垂直墙面的灯具。

↑ 建筑外观照明

LED灯具安装便捷，可以水平放置，也可以垂直方向安装；与建筑物表面能更好结合，创造更好的视觉效果。由于许多建筑物没有出挑的外部构造放置传统的投光灯，LED灯具出现后对现代建筑和历史建筑的照明手法产生了巨大影响。

↑ 剧院内部照明

LED灯具可以用于剧院观众厅内的地面引导灯或座椅侧面的指示灯，还可以用于购物中心楼层的引导灯等。

3.景观照明

　　LED灯具与传统光源不同，不需要特殊而坚固的外壳，可以用于滨水景观、公园景观等区域的照明。

4.展示照明

　　用于展示的照明多用彩色LED。装饰性的白光LED结合室内装修也可提供辅助性照明。暗藏光带可以使用LED，对于低矮的空间特别有利。LED灯具还可以进行精确布光，作为博物馆模型展示时光纤照明的替代品。

↑ 室内景观展示照明

对于花卉或低矮的灌木，可以使用LED光源进行照明；其固定端可以设计为插拔式，根据植物生长高度进行调节。

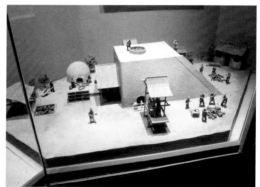

↑ 博物馆模型展示照明

LED光源无紫外线与红外辐射，对展品或商品不会产生损害；与传统光源比较，灯具不需要附加滤光装置，照明系统简单，价格实惠。

5.舞台照明

由于LED可动态、数字化控制色彩、亮度，活泼的饱和色还可以创造静态和动态的照明效果，故可用于舞台照明；不仅降低了照明维护费用，而且降低了更换光源的频率。

6.道路指示照明

道路指示照明主要用于车辆道路交通导航的信息显示，可采用高密度LED显示屏进行照明；在城市交通、高速公路等领域，LED均可作为可变车道指示灯。

7.LED显示屏

全彩色LED显示屏采用先进的数字化处理技术，具有超大面积与超高亮度。其所装LED灯具可以根据不同的室内外环境，采用各种规格的发光像素，实现不同的亮度、色彩、分辨率，以满足各种用途。

↑LED舞台灯光	↑LED道路指示牌	↑LED屏幕
LED舞台灯光变化种类多，能形成丰富的光影特效，现场灯光师可以根据舞台节奏来控制灯光开关与色彩变化。	LED道路指示牌在传统指示牌的基础上增加了LED光源，能在夜间提升行人与驾驶员的识别度，保障道路交通安全。	LED屏幕突破了电视屏幕的尺寸限制，能根据空间尺寸定制大小适宜的屏幕，无拼接缝，能形成平面、弧形等多种造型效果。

第五节 | 室内灯具品种

在照明采光设计中，常按灯具形态和布置方式进行分类，主要可分为吊灯、台灯、落地灯、吸顶灯、暗灯、壁灯、筒灯、射灯、发光顶棚等。应当根据灯具的特点，选择适合的灯具用于空间照明。

一、吊灯

吊灯是吊装在顶棚上的高级装饰用照明灯，现在也将垂吊下来的灯具都归入吊灯类别。吊灯主要用于客厅、卧室、餐厅、走廊、酒店大堂等空间，可以分为单头吊灯和多头吊灯两种。前者多用于卧室、餐厅，后者宜装在客厅里。吊灯的安装高度，其最低点应离地面不小于2.4m。大型吊灯可安装于结构层上，如楼板、屋架下弦和梁上，小型吊灯常安装在吊顶格栅上。

↑欧式古典吊灯

欧式古典风格吊灯大多由仿制水晶制成，具有较复杂造型。室内环境如果潮湿多尘，灯具则容易生锈、掉漆；灯罩有时因蒙尘而日渐昏暗，无光彩。

↑水晶吊灯细节

由于吊灯装饰华丽，比较引人注目，因此吊灯的风格直接影响整个客厅的风格；带金属装饰件、玻璃装饰件的欧式古典吊灯显得富丽堂皇。

↑简约造型吊灯

简约造型吊灯通过色彩来装饰空间。此外，其灯头吊挂高度较低，能将发光源下降到适合的空间高度，让光源有效照射到使用面上。

二、台灯

台灯能将灯光集中在一小块区域内，主要分为装饰台灯与书写台灯。装饰台灯外观豪华，材质与款式多样化，灯体结构较复杂，兼顾装饰功能与照明功能。书写台灯灯体外形简洁，专用于看书、写字，可以调整灯杆的高度、光照方向和亮度，方便照明与阅读。

台灯罩多用纱、绢、羊皮纸、胶片、塑料薄膜和宣纸等材料制作。台灯在使用时，要求不产生眩光；灯罩不宜用深色材料制作，放置要稳定、安全，开关方便，可以任意调节明暗。

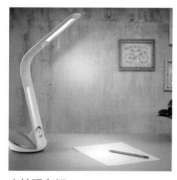

↑护眼台灯

护眼台灯大多有应急功能，即自带电源，可用于停电时照明应急。

↑铁艺装饰台灯

铁艺装饰台灯非常时尚，富有现代气息，造型也比较多样化，适合家居的百搭风格；其价格低廉，但容易生锈。

↑卧室床头台灯

卧室床头台灯光线比较温和，灯罩颜色比较浅，与卧室内整体装修色调一致，也不会产生眩光；可以用于睡前阅读的照明。

三、落地灯

落地灯主要用于客厅、书房，作为阅读的局部照明；多靠墙放置，或放在沙发侧后方500～750mm处。落地灯在结构上要安全稳定，不怕轻微碰撞，电线稍长时能适应临时改变位置的需要。此外，还要求其能根据需要随意调节灯具的高度、方位和投光角度。

落地灯支架和底座的制作和选择一定要与灯罩搭配好，比例大小不能失调。落地灯高度一般为1200～1800mm，以可调节高度或灯罩角度者为佳。灯具的造型与色彩要与家具摆设相协调。

↑弧形落地灯

弧形落地灯从造型上看，常以瓶式、圆柱式的座身为主，配以伞形或筒形罩子，用于沙发或家具转角处。

↑墙角落地灯

落地灯的罩子，要求简洁大方、装饰性强；简式罩子较为流行，华灯形、灯笼形也较多；落地灯的支架多以金属或天然材料制成。

↑折叠伸展落地灯

客厅沙发后装饰一盏落地灯，既能保证读书需要，还不会影响看电视。

↑三角支架落地灯

落地灯可以通过调整灯的高度、改变光圈直径，从而控制光线的强弱，营造朦胧的美感。

四、吸顶灯

紧贴在顶棚上的灯具统称为吸顶灯；灯具上方较平，安装时底部完全贴在顶棚平面上。吸顶灯适用面积较大，可单盏使用，也可组合使用。吸顶灯是家庭、办公室、文娱场所等经常选用的灯具。

↑透光吸顶灯

现代吸顶灯造型丰富；如有光栅造型时，灯光能形成透射光斑效果，具有吊灯的装饰特性。

↑简约吸顶灯

造型简洁的吸顶灯适用性很广，既可以用于简约风格的室内空间，也可用于古典风格的室内空间；尤其是金属材质的吸顶灯适用面较广。

五、暗灯

放在吊顶或装饰构造内的灯统称为暗灯，可形成装饰性很强的照明环境。灯和建筑装饰的吊顶、构造相结合，可形成和谐美观的统一体。暗灯的部分光射向天棚，增加了吊顶内部的亮度，有利于调整空间的亮度与对比度。

↑ 吊灯内侧的暗灯

吊顶内侧的暗灯能有效防止眩光的产生；同时，也能降低灯具与周边环境的亮度比，便于营造更舒适的照明环境。

↑ 吊顶与背景墙中的暗灯

吊顶处的暗灯与背景墙构造中的灯带相互结合，提升了背景墙的造型层次感，能衬托墙体造型并形成装饰对比。

六、壁灯

壁灯是安装在墙上的灯，用来提高部分墙面亮度，在墙上形成亮斑，以打破大面积墙的单调气氛。由于壁灯照度不大，可以用在大面积平坦的墙面上或镜子的两侧。

壁灯的种类和样式较多，一般常见的有墙壁灯、变色壁灯、床头壁灯、镜前壁灯等。墙壁灯多装于阳台、楼梯、走廊过道以及卧室，适宜作长明灯；变色壁灯多用于节日、喜庆之时采用；床头壁灯大多数都是装在床头的上方，灯头可万向转动，光束集中，便于阅读；镜前壁灯多装饰在盥洗间镜子附近使用。

壁灯安装高度应略高于视平线1.7m左右。壁灯的照明不宜过强，这样更富有艺术感染力。壁灯灯罩的选择应根据墙色而定：白色或奶黄色的墙，可以采用浅绿、淡蓝的灯罩；湖绿或淡天蓝色的墙面，可以采用乳白色、淡黄色或茶色的灯罩。

↑ 壁灯

壁灯有附墙式和悬挑式两种，安装在墙壁和柱子上，且壁灯造型要求富有装饰性，适用于各种室内空间。

↑ 客厅壁灯

客厅在电视机后部墙上装有两盏小型壁灯，光线比较柔和，有利于保护视力；同时，也为客厅提供了局部照明。

↑ 卧室壁灯

壁灯宜用表面亮度低的漫射材料灯罩，假若在卧室床头上方的墙壁上装一盏茶色刻花玻璃壁灯，整个卧室立刻就会充满古朴、典雅、深沉的韵味。

七、筒灯

筒灯是嵌入天花板内光线下射式的照明灯具，它的最大特点就是能保持空间造型的整体统一，不会因为灯具而破坏吊顶造型。筒灯嵌装于天花板内部，所有光线都向下投射，属于直接配光。

筒灯紧凑而光通量高，外形保持紧凑设计，抑制了灯具的存在感。筒灯有镜面和磨砂两种反射板：既有利用闪烁感的镜面反射板，也有以适度的灰度来调和天花板的磨砂反射板。筒灯采用了滑动固定卡，施工方便，可以安装在厚3~25mm的吊顶上，维修方便。

↑明装筒灯

明装筒灯不占据空间，可增加空间的柔和气氛；如果想营造温馨的感觉，可试装多盏筒灯，以减轻空间的压迫感。明装筒灯主要适用于大型办公室、会议室、百货商场、专卖店，以及机场公共空间等，亮度较高。

↑暗装筒灯

暗装筒灯一般在酒店、咖啡厅和家庭使用较多，有大（直径150mm）、中（直径100mm）、小（直径63mm）三种。暗装筒灯安装容易，不占用空间，大方、耐用，通常使用寿命在5年以上，价格也便宜。

八、射灯

射灯是一种小型聚光灯，常用于突出展品或商品、饰品陈列等。射灯的尺寸比较小巧，颜色丰富，有活动接头，以便随意调节灯具的方位与投光角度。因为其造型玲珑小巧，非常具有装饰感。射灯可安置在吊顶四周或家具上部，以及墙内、墙裙或踢脚线里。光线直接照射在需要强调的家具器物上时，可塑造重点突出、层次丰富、气氛浓郁的艺术效果。

↑吊挂射灯

射灯可以各种组合形式置于装饰性较强的部位；因其属于装饰性灯具，在选择时应着重选择外形和所产生的光影效果。

↑顶棚射灯

射灯光线比较柔和，有些射灯还能够表现雍容华贵的空间氛围，既可以对整体照明起主导作用，又可以局部采光，烘托气氛。

筒灯和射灯的区别与对比可参考表1-4。

表1-4　筒灯和射灯的区别与对比

区别与对比项目	筒灯	射灯
光源	光源方向是不能调节的，光源相对于射灯要柔和	光源方向可自由调节，光源集中
应用位置	暗装筒灯安装在吊顶内时，吊顶内空应当大于50mm以上时才可以安装；明装筒灯可以安装在无顶灯或有吊灯的区域	可以分为轨道式、点挂式和内嵌式等多种。内嵌式射灯可以装在吊顶内，用于提升需要强调被照射物、构造的装饰效果
价格	较便宜	较昂贵
安装位置	嵌入吊顶内，光线向下照射，不占据空间	安装在吊顶四周或家具上部，或置于墙内、墙裙或踢脚线内

射灯的照明魅力主要体现在光束角上。由于光源灯具的出光是发散的，光不会布满整个空间，即使是球形的白炽灯，在灯头部位也会有光死角。从光轴的切平面看，在有光范围的边界上就会形成界线，界线之间的夹角就是光束角。用于墙面照射的射灯光束角的最佳角度为24°～30°。

↑不同光束角的照明对比

同等功率的射灯，光束角越小，照度越大；光束角越大，照度越小；应根据多种环境需要来选择。

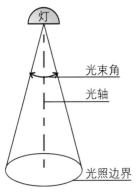
↑光束角示意图

光束角是灯光照明范围的体现，主要由灯具的灯罩、透镜、功率、安装角度、照射距离等诸多因素来决定。

↑15°模拟光束角照明效果

15°模拟光束角适用于局部重点照明，可照亮一幅画或一张桌子。

↑24°射灯光束角真实照明效果

24°模拟光束角最为常用，适用于照射墙角装饰品，安装位置距离墙面400mm左右。

九、发光顶棚

发光顶棚是模仿天然采光的效果而设计的。在玻璃吊顶至天窗间的夹层里装灯，便构成了发光顶棚。其构造方法有两种：其一将灯具直接安装在平整的楼板下面，再用钢框架制成吊顶天棚的骨架，铺上某种扩散透光材料；其二使用反光罩，使光线更集中地投到发光天棚的透光面上。

↑ 局部发光顶棚

局部发光顶棚造型简单，使用耐久性强，能够将天花处的设备管线和结构构件隐蔽；同时，能很好改善室内的照明环境。

↑ 整体发光顶棚

整体发光顶棚造型多样，富有曲线感，灵活性比较大，能够有效提高整个空间内的装饰效果；但技术要求较高，施工难度较大。

Tips 照明设计程序

有序的照明设计程序能节省更多设计时间；同时，也能使室内照明更具条理。照明设计中要充分结合时代特色，随时更新照明设计标准，与时俱进，力求设计出富有时代特色和创意性的艺术照明作品。

确定照明设计标准　记录室内空间数据和相关约束条件　确定所需满足的照明要求　选择合适的照明系统　选择灯具和光源系统　确定灯具的数量和位置　确定开关和其他控制设备的布置　确定美学和其他无形因素

↑ 照明设计程序

第六节 | 照明采光案例解析

一、某俱乐部与某酒吧照明设计

　　某俱乐部位于城市中心街道旁，除了室内设计之外，设计师还负责其品牌形象设计；空间的几何形态与顾客体验之间的联系是设计的重心所在。

　　线条简洁的家具在提供舒适性的同时，能够与空间内的几何元素形成精准搭配。整个方案完美结合了设计与技术，并设身处地考虑顾客的使用体验，充分尊重了其需求。设计中所用的材料均以纯粹的形态融入空间内部，不仅沉稳且有趣，空间中的光线、美感、功能等都能相互协调。

←某俱乐部外观

入口处的立面设置了大型灯光招牌，并采用蓝色垂直光幕从顶部向下照亮。

↑侧面空间

可编程的LED灯带在石墙上形成不连续的分割线，在石墙上投射出独特的光影；错落的石砌墙壁贯穿了整个俱乐部的纵深空间，能为整个室内空间带来质感与活力。

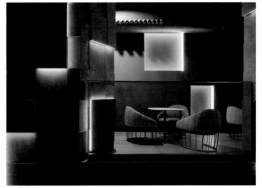

↑正面空间

构成空间的形状、光线、体量通过直觉形成连接，形成三个具有不同功能和质感却又相互联系的区域，为原本规则的四边形空间赋予新的光影效果，使空间变得更加精致、有趣。

↑某酒吧

某酒吧位于体块分明的石墙对面，栅格状的酒架贯穿了整个酒吧区域，木制元素为空间带来了自然而高贵的气息；同时，也平衡了石墙的冷硬质感。该酒吧的体量、尺度、比例三者互动，为该区域带来较强的韵律感，这不仅能与灯光形成和谐搭配；同时，还能使空间深度得到拓展。吧台采用了一排焦点式射灯，工作人员能更专心工作。此处灯光设计不仅使空间的美感与功能性得到了平衡，也能充分满足顾客的体验感。

↑就座区域

就座区域位于一个独立的平台上，在照明衬托下看上去如同漂浮在地面，形成富有动感且沉浸式的空间体验。对于酒架空间，沿着石墙继续往前走会进入陈设和质感都十分简洁的空间。

↑酒架细部

酒架为空间中静止的结构，可编程的LED灯具光线为这些静止的结构带来了动态气息，随着背景音乐在室内的投射光影，形成良好的环境氛围。

二、博物馆采光设计

　　苏州博物馆新馆是一座集现代化馆舍建筑、古建筑与创新山水园林设计理念于一体的综合性博物馆。其特色体现在：建筑造型与所处环境自然融合，空间处理独特，建筑材料考究，最大限度地将自然光引入室内。

↑苏州博物馆新馆外景

苏州博物馆新馆建筑外形呈几何造型，将中国传统建筑构造形态浓缩后，具有现代风格；大面积坡形顶棚为室内采光奠定了良好基础。

↑入口门厅采光

博物馆入口门厅处将方形与圆形相结合，大面积钢化玻璃透光率高，室内无需额外灯光即可满足通行区采光需求。

↑楼梯顶棚采光

楼梯间对采光的要求很高，大面积玻璃顶棚在钢结构梁架的支撑下，形成规律的光斑，通过白色内墙反射，达到漫射采光效果。

↑过道顶棚采光

狭长的过道顶棚采用硬质格栅覆盖，降低了自然光的照度，形成柔和的室内光效，成为室外采光与室内照明的过渡空间。

↑六边形景窗采光

借景是中国古典园林设计的精髓之一，这里通过景窗来借光；六边形景窗形成完美的构图，将室外树木与光线都引入室内。

↑座椅结合景窗采光

镀膜玻璃能将强烈的室外自然光过滤，形成平整且柔和的光效，满足室内休息的采光功能需求。

↑ 展示布景区采光

以室外采光为主，辅助室内照明，让展示布景区自然光偏冷，室内灯光偏暖，冷暖对比丰富了场景展示效果。

↑ 书画类作品展区采光

书画类作品主要以室内灯光照明为主，部分引入室外采光；顶棚采用磨砂玻璃对直射自然光过滤，与灯光照明形成比较柔和的色温对比。

本章小结

　　合理的照明采光设计能使建筑空间更符合人的心理、生理和美学感受。灯光是更富情感的设计元素。照明采光设计不仅要满足功能需求，更要能够渲染空间装饰氛围。在照明采光设计中，应当分析人的生理、心理和美学感受，具备人性化设计的理念。

第二章

照明电路基础

阅读难度：★ ★ ☆ ☆ ☆

重点概念：照明电路、照明电路（线路）敷设、功率计算

章节导读：为了充分表达建筑室内外设计理念，保障照明
设计的实用性和安全性，设计师需要掌握电气
设计基础知识，对于强电与弱电、回路设置、
电线粗细、用电荷载等方面的知识要有一定
了解。

▶ 微信扫码 ◀

▶ 微信扫码 ◀

▶ 微信扫码 ◀

↑ 公共餐厅照明

中大型公共餐厅内空较高，照明灯具丰富多彩；在空间尺寸
上应降低灯具安装高度，使灯具布置多元化，让灯光层次更
加丰富。此外，灯具发光应稳定可靠，线路（导线）规格要
根据灯具功率精确计算后再确定。

第一节 | 照明与电学基础

　　在正式开始照明设计之前，设计师需要了解照明电压，分清强电与弱电；还应当掌握小范围改造照明电路的操作技能，这样既提高了工作效率，也能降低照明工程成本。

一、照明电压

　　我国民用电压分为220V和380V两种，均为交流电，不同场所的灯具应选用不同的照明电压。其中，220V电源是常见的供电电源，为单相供电，即一根火线与一根零线能构成一个完整的电源回路，满足照明等用电需求。此外，在必要时会增加一根地线以保障用电安全，这种组合称为单相三线。380V电源为三相供电，即3根火线与一根零线能构成一个完整的电源回路，可满足大功率照明等用电需求；还会增加一根地线以保障用电安全，这种组合称为三相五线。

　　在照明电路设计中，只会用到单相220V电压，即使是大功率灯具也是从380V三相五线中取一根火线与一根零线连接照明灯具，这样形成的电压仍然是单相220V。220V单相三线适用于常规照明灯具，380V三相五线适用于高功率照明灯具。单相与三相供电对比可参考表2-1。

表2-1　单相与三相供电对比

供电形式	电压	图例	适用	应用
单相三线	火线与零线之间为220V	火线 零线 地线 → 照明灯具	常规照明	直接连接照明灯具
三相五线	火线与零线之间为220V；火线之间为380V	火线1 火线2 火线3 零线 地线 → 动力机械设备	高功率机械设备	取其中一根火线与零线形成回路，可连接照明灯具

　　注：高功率且发热量大的照明灯具，金属外壳需要连接地线，防止因灯具线路老化而意外漏电，确保使用安全。

　　为了延长灯具的使用寿命，减少灯具发热量，在照明灯具末端，多使用电压更低的灯具；电压多为12V直流电，需要在发光灯具线路上游安装变压器，将220V交流电转换为12V直流电。但是，低电压通常用于低功率局部照明灯具，如住宅中常用的筒灯、装饰射灯、灯带等。

　　不同的照明灯具因其功率不同，所产生的电流也不同，所需电压也会有所不同。常用照明功率、电压、电流强度可参考表2-2。

表2-2　常用照明功率、电压、电流强度

照明功率/W	电流强度（电压12V环境下）/A	电流强度（电压220V环境下）/A
100	<5	—
100~200	5~16	0.5~1.2
300~400	16~25	1.2~2.4
500~600	25~32	2.4~3.6
700~800	32~40	3.6~4.8
900~1000	40~63	4.8~6
2000	—	12
3000	—	18
4000	—	24

注：—表示超出主流空气开关产品限定，不主张列入设计范畴。

Tips　**不同功率、电压灯具的适用范围**

LED球泡灯，适用电压为90~270V，功率为80W，适用于工厂、车间、超市、商业、家居空间内的照明；LED防爆照明灯，主要电压为220V，功率有30W、40W、50W、80W、100W等；LED玉米灯，末端电压为12V，功率为3~18W，照明效率高，比较经济，多在室内空间内使用，使用环境温度差异比较大。

↑LED球泡灯
LED球泡灯的发光LED部分被罩在内部，乳白色灯罩能将光线散开，形成均匀发光；灯罩下部空间为散热片与变压器，可直接连接220V电源。

↑LED防爆照明灯
LED防爆照明灯表面为钢化玻璃，外部框架为金属构造，具有很强的抗冲击力，主要连接220V电源；部分产品需要外置变压器，将220V转换为12V或36V。

↑LED玉米灯
LED玉米灯的LED发光贴片均匀排列犹如玉米棒，下部构造内为散热片与变压器，可直接连接220V电源。

　　照明灯具电源末端的电压值与额定电压值会有一定差距，主要受线路长度与用电环境影响。在常规工作场所中，实际电压为额定电压值的-5%～5%之间；远离电源的小面积空间，电压偏移值为额定电压值的-10%～5%之间；道路照明时额定电压为12～36V，电压偏移值为额定电压值的-10%～5%之间。对于大型照明设备，还会采用照明变压器，照明电压会随着场景的不同而发生变化。在使用照明变压器时，要注意必须使用双绕组型，严禁使用自耦变压器。

↑ 隧道灯送电

长度较长的隧道成洞地段应用6～10kV的高压电缆送电；在洞内设置变电站供电时，应有保证安全的措施，入口处照明器的电压应控制在110～240V之间。

↑ 隧道灯电线高度设置

隧道洞内的照明装置和动力线路安装在同一侧时，必须分层架设；电线悬挂高度距人行地面的距离，在110V以下时不应小于2m，在400V时应不大于2.5m，在6～10KV时不应小于3.5m。

　　用于室内的照明灯具电压基本都在220V之内。无论是吊灯、台灯、壁灯、吸顶灯、射灯，还是筒灯，在使用时都要考虑安全性，电压一定要控制好。

↑ 冰箱灯

冰箱灯可用于冰箱和展柜内的照明，属于特殊照明，电压为24V，功率为3～15W，正白光，能承受的温度跨度比较大。

↑ 住宅餐厅吊灯

住宅餐厅半圆形吊灯，电压为220V，照明功率为40W，照射面积为15～30m²，主要适用于卫生间、走廊、客厅、庭院等室内外空间。

←庭院廊道壁灯

用于室内的灯具电压基本一致，功率变化较大；单只防水户外壁灯电压为220V，一般功率在40~50W，有效照明的地面面积为3~5m²。

★ 照明答疑解惑

问： 所有空间照明都用220V电压吗？

答： 并不是，特殊场所会有例外。例如，移动式和手提式灯具，在干燥空间中的电压应不大于50V，在潮湿空间中的电压应不大于25V；用于隧道、人防空间以及有高温、导电灰尘或灯具离地面高度低于2.4m等场所的照明装置，电压应不大于36V；用于潮湿和易触及带电场所的照明装置，电压应不大于24V；用于非常潮湿空间但导线良好照明灯具，电压应不大于12V。

　　LED霓虹灯基本取代了采用传统气体的发光霓虹灯，其采用贯穿连续的LED灯具光带制作，可模拟出传统霓虹灯的连续照明效果。工作时其灯具温度为75℃以下，能在露天日晒雨淋，也能在水中工作，所产生的色彩绚烂多姿，且使用寿命较长，投入成本较低，是一种经济的照明灯具。

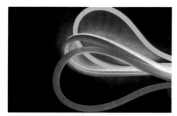

↑LED柔性霓虹灯

LED柔性霓虹采用PE树脂制作，能弯曲成想要的任何形状，具有非常强的灵活性，额外搭配整流器，输入电压为220V。

↑广告文字LED柔性霓虹灯应用

广告文字LED柔性霓虹灯可制作不同造型的文字，能模拟出传统霓虹灯的光色效果，且更加节能。

↑LED霓虹灯室内陈设应用

LED霓虹灯在正常放电照明过程中会有发热现象，长时间持续照明会影响LED发光体的寿命。LED霓虹灯在室内空间适用于局部装饰。

二、强电与弱电

强电是指电压在24V以上的交流电，如我国的普通民用电压为220V，工业用电电压为380V，这些都属于强电。强电的特点是电压较高、电流大、适用设备的功率大、频率低，主要应用于动力、照明等领域。

↑家居强电用电设备

家居强电用电设备主要有照明灯具、电热水器、取暖器、消毒机、电冰箱、电视机、空调、音响等；建筑与装饰工程中的照明、空调、电热器、电炊具等其他大功率用电设备也属于强电电气设备。

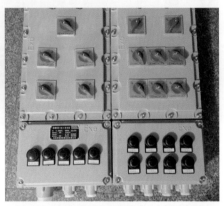

↑照明配电箱与集成开关

照明配电箱主要用于发电厂、变电站、高层建筑、机场、车站、仓库、医院等建筑的照明和小型动力控制电路，交流单相电压为220V，交流三相电压为380V，均属于低压强电。

弱电是指电压在36V以内的直流电，特点是电压低、电流小、功率小、频率高，如：安防监控系统、自动报警联动系统等智能化设备；电话、电视机等数字信号输入设备；音响设备输出端线路等。弱电功率是以W（瓦）、mW（毫瓦）计算，电压是以V（伏）、mV（毫伏）计算，电流是以mA（毫安）、μA（微安）计算。

↑弱电应用

弱电常用于信息传递，包括直流电路或音频、视频线路，网络线路以及电话线路等，直流电压多在36V以内。

↑弱电设备

弱电设备在安装时，要与强电设备分开，独立设计安装，避免相互干扰。

Tips 行灯

　　行灯是用于夜间照明的一种灯具，用于检修施工现场，能随时移动；出于使用安全考虑，行灯的电压不超过36V。行灯灯泡外部都要有金属保护网，金属网、反光罩和悬吊挂钩要固定在灯具的绝缘部位上；灯头与灯体要结合牢固，灯体与手柄要采用坚固、绝缘、耐热、耐潮湿的材料制作。

第二节 照明电路布置

　　了解照明供电设计原则、照明供电回路、空气开关参数、配电箱等方面的知识非常重要，有助于加深对节能、环保照明设计理念的理解。

一、照明电路设计要领

　　（1）综合考虑照明线路的导线截面与导线长度，以每单相回路电流不超过16A为宜。

　　（2）室内分支线长度，三相380V电压的线路，布线长度一般不超过50m；单相220V线路，布线长度一般不超过100m。

　　（3）如果安装高强度气体放电灯时，因这类灯具启动时间长，启动电流大，单相回路应不超过30A，并要安装带漏电保护器的空气开关。

　　（4）每单相回路上插座数不应多于12个，灯头和插座总数不得超过30个，花灯、彩灯、多管荧光灯的插座宜以单独回路供电。

　　（5）应急照明作为正常照明的一部分同时使用时，应有单独的控制开关；应急照明电源应能自动投入，应急使用。

　　（6）每个配电箱和线路上的负荷分配应力求均衡。

←电箱布置与检查

电箱布置与安装是照明电路设计的重要工作。布置时要注意照明线路之间是否通畅，安装完毕之后一定要通电检查。应避免两个不同回路之间产生干扰、击穿、短路等风险，避免烧毁器件，造成触电事故。为了保证电线排列整齐，布局逻辑一目了然，应当采用网孔底板作为基础，将线路横平竖直绑扎整齐。

二、照明供电回路设计

照明供电回路设计应结合具体情况进行；同时，应考虑安全、成本等要求综合设计。

现以一套面积为420m²左右的会议室为例，会议室的供电主要以照明为主，供电回路将空调与其他插座单独设计回路。以下示意图中，3P柜式空调的"3P"表示"额定功率为3匹"，1匹=735.5W。

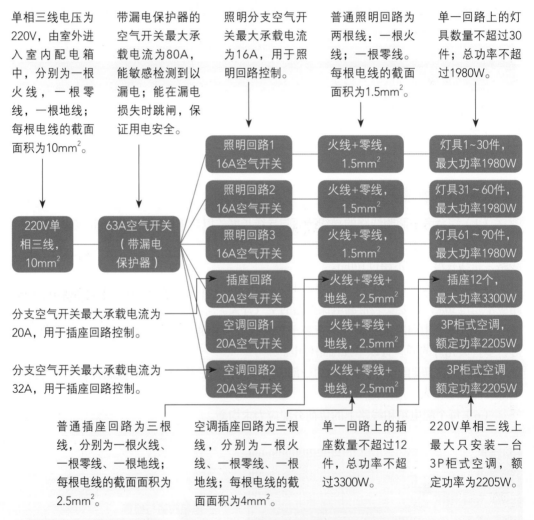

单相三线电压为220V，由室外进入室内配电箱中，分别为一根火线，一根零线，一根地线；每根电线的截面面积为10mm²。

带漏电保护器的空气开关最大承载电流为80A，能敏感检测到以漏电；能在漏电损失时跳闸，保证用电安全。

照明分支空气开关最大承载电流为16A，用于照明回路控制。

普通照明回路为两根线：一根火线；一根零线。每根电线的截面面积为1.5mm²。

单一回路上的灯具数量不超过30件；总功率不超过1980W。

分支空气开关最大承载电流为20A，用于插座回路控制。

分支空气开关最大承载电流为32A，用于插座回路控制。

普通插座回路为三根线，分别为一根火线、一根零线、一根地线；每根电线的截面面积为2.5mm²。

空调插座回路为三根线，分别为一根火线、一根零线、一根地线；每根电线的截面面积为4mm²。

单一回路上的插座数量不超过12件，总功率不超过3300W。

220V单相三线上最大只安装一台3P柜式空调，额定功率为2205W。

↑会议室电气分路设计示意图

为会议室电气分路设计示意图。一般在进行照明设计之前都需要绘制此图，主要作用是方便设计师与施工员确定最终的灯具数量、照明回路、电线选配等参数。电线的粗细决定了回路上的用电功率，简单计算方法为：电线截面面积（mm²）×系数1320＝最大承载功率（W），如照明电路1.5mm²×1320＝1980W。但是，在电路布置中还要考虑电线的质量、传输距离、用电设备质量等问题，应在最大承载功率的基础上乘以0.8，最终得出安全承载功率。在空调选择上，220V单相三线最多只能安装3P柜式空调（3P柜式空调额定功率为2205W）。由于空调启动电流大，因此选用20A空气开关与2.5mm²电线。

在照明系统中，每一个单相分支回路电流应不超过16A，且光源数量也不应超过30件。一般照明配电控制柜，最好将分支回路控制在20个以内，注意要配有备用分支回路。

对于普通照明的配电，在照明分支回路中，不得采用三相低压断路器对3个单相分支回路进行控制保护。当所需的插座为单独回路时，每一个回路的插座数量都不得超过12个，而用于计算机等高档精密设备的电源插座数量一般不超过5个。

此外，大型吊顶中的灯带一般为单独回路，不与其他灯具回路混合。灯带分支回路的连接线方式一般为间隔形式连线，能分开控制开启与关闭，起到节能作用。当照明电路设计完毕后，还要考虑以后的增补与修改，因此一个回路一般配20件左右的灯具。

三、照明电路设备

照明电路设备主要包括电能表、总空气开关、分支空气开关、导线以及其他开关、插座、灯具等。

↑电子式单相电能表

↑三相总空气开关

↑单相总空气开关

电能表用来测量电路所消耗的能量（电能），计量单位为千瓦·时（kW·h）。电能表常见的有感应式电能表和电子式电能表。其中，电子式电能表价格低，使用灵活，主要用于照明电路测量。

三相总空气开关承载电流较大，多为80～125A；同时，可接入并输出三根火线。

单相总空气开关承载电流适中，多为40～100A；同时，可接入并输出火线与零线。

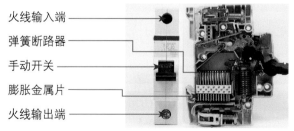

火线输入端
弹簧断路器
手动开关
膨胀金属片
火线输出端

↑分支空气开关

分支空气开关大多只对火线进行断路控制；当该回路上发生短路等电流过高状况时，高电流所产生的热量会使密封在内部的金属片膨胀，将热能转化为机械能，促使开关断路，保证用电安全。

↑导线

导线内部为铜芯材质，照明导线的铜芯规格以1.5mm²和2.5mm²居多，外部绝缘层的颜色代表不同用途，如红色、绿色、黄色均表示三相火线。仅有红色，表示单相火线；仅有蓝色，表示零线；黄绿相间表示地线；白色、黑色表示弱电或信号线等。

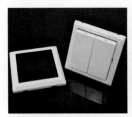   

↑灯具开关	↑多功能插座	↑接线灯具	↑插座灯具
灯具开关适用于照明回路末端灯具控制，电路中的火线在开关中断开或合并，通过手动按压来控制。	多功能插座适用于移动灯具，如装饰灯具、台灯等，能随时拔掉插头用于其他用电设备的接入电源。	接线灯具多为固定安装，安装在墙顶面或固定构造中，通过灯具开关控制。	插座灯具多为可移动的装饰灯具，可在空间中随意摆放，通过插座连接电源，灯具上配有开关。

（图中标注：墙面电源插座、脚踩开关）

■ 四、照明电路设计与实施步骤

　　照明电路设计应该根据整个空间的结构、照明设备位置、其他电气设备位置等进行综合考虑与设计。设计时，要充分考虑不同回路负载的承受能力；不能超出回路负荷，以免引起短路，造成火灾等事故。

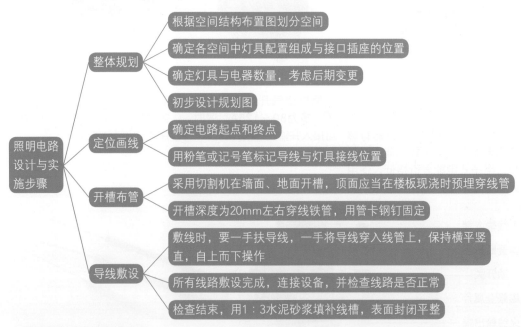

↑照明电路设计与实施步骤

　　照明分支回路的功率要控制在2000W左右，过低会造成导线回路连接功率不足；过高会造成电路过载，引发安全事故。如果使用大功率照明灯具，则按照每件100W计算。插座的左侧接零线（N），右侧接火线（L），中间上方应接保护地线（PE）。一般插座采用SG20管（镀锌线管），照明用SG16管。当管线长度超过15m或有2个直角弯时，要增设接线盒。顶面上的灯具位要设接线盒固定，且接线盒与PVC管固定连接。导线的接头应设在接线盒内时，导线超出穿线管的线头要留出150mm左右。

五、空气开关与配电箱

　　选择合适的空气开关才能合理分配照明。空气开关与配电箱是室内空间电路设计的重要组成部分。电源从室外进入室内，首先要接入配电箱中的空气开关，然后按设计回路进行布线，常见的型号有C16、C25、C32、C40、C60、C80、C100等规格。其中，C表示起跳电流（脱扣电流），是指能促使空气开关自动断路的电流强度。例如，C32表示起跳电流为32A。大型照明灯具达到6000W时可采用C32的空气开关，到达7500W时可采用C40的空气开关。建筑室内配电箱并非仅负载照明的电能分配，它还会负载插座的电能分配。

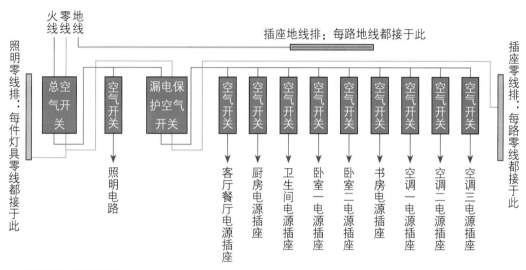

↑空气开关安装示意图

这是一套比较标准的家居住宅电路空气开关安装示意图。火线与零线由室外引入室内，接入总空气开关，由总空气开关输出后连接到漏电保护空气开关后，输送到各分支空气开关。由于照明电路在家居住宅中配置较为简单，因此下游不设连接漏电保护的空气开关，防止受到其他大功率用电设备的干扰。空气开关能控制总用电回路与分支用电回路的开关，在电路设计时多按空间与电气设备功能综合考虑，最终确定空气开关分配，力求每个分支回路彼此间不会发生干扰。

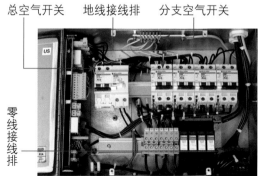

↑单相配电箱

单相配电箱进线为220V，电流强度在63A以下，负载分支照明灯具与电气设备（32A以下）。

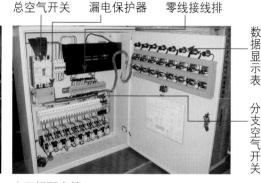

↑三相配电箱

三相配电箱进线为380V，电流强度在120A以下，负载分支照明灯具与电气设备（63A以下）。

六、导线布置方法

熟练掌握电气设计方法后才能进行科学的照明与电气设计。此外，在设计时要明确线路布置，提前预留足够的插座与出线头，不能将两根火线共用一根零线。

↑辨清导线颜色

导线颜色不能混用，应合理搭配导线颜色。

↑接线盒内预留

导线超出穿线管后应当预留150mm以上，用电工胶布绝缘缠绕后蜷缩在接线盒内备用；待安装灯具时，再解开连接。

↑导线螺旋形缠绕连接

导线对接采用螺旋形缠绕连接，还可以根据需要对缠绕部位浸锡，强化连接效果。配线时要尽量减少导线接头，接头如果工艺不良会使接触电阻太大，造成电线因发热量过大而引起火灾。

↑导线端子相接

低压电源可以采用接线端子连接，多用于低压灯具与供电导线之间连接。

↑吊顶上方配线

吊顶上方导向穿线管可采取最短距离连接，但是采用的管线钉卡应固定牢靠。线的总截面积应该小于管内净面积的40%。

↑混凝土墙面配线

干净混凝土结构面，采用黄腊管（聚氯乙烯玻璃纤维软管）穿套导线。但是，距离应控制在1m以内，且避免过度弯折。

七、明敷与暗敷

了解电路敷设的基本知识后，如果遇到照明故障时，可以快速寻找到故障原因，并能提出相应的解决方案，在一定程度能延长照明电路的寿命。

1.明敷

明敷又称为走明线，采用绝缘材料制作线槽，沿墙面、顶面等建筑构造敷设，可用于不太追求视觉效果的室内空间中，广泛用于工厂厂房、车间、库房等地。

2.暗敷

暗敷又称为走暗线，属于隐蔽工程，是将绝缘导线穿入镀锌钢管、PVC管、黄腊管（聚氯乙烯玻璃纤维软管）中，然后将其埋入墙体、地面中。施工时先在相应部位开槽，再将导线和线管置入，最后用水泥砂浆等材料将其封闭。在装饰装修中，也会将线管置于吊顶构造内，这样操作工序较少，也不影响美观。

消防报警系统中也有照明设备，如应急灯。这些用电设备在进行电路设计时要注意：如果采用暗敷，应敷设在不燃结构内，且保护层厚度不宜小于30mm；如果采用明敷时，应采用金属管或金属线槽，其表面应涂刷防火涂料加以保护。

↑墙面明敷

明敷施工简便、维护直观并且成本耗费较低，多采用PVC明装穿线管铺装，配套安装明装插座、开关、接线盒等设备。

↑顶面桥架明敷

在照明控制设备机房内，由于线路较多，都会采用吊挂式明装敷设；吊挂式电线敷设又称为桥架敷设，采用彩色镀锌钢板制作的线槽承托各种电线，桥架线槽通过钢筋或型钢吊挂在顶面下部，高度低于顶面横梁、管道设备和灯具；以桥架的构造净空为最低，方便敷设与检修。

↑暗敷电线底盒

用电锤与切割机在墙体上凿出凹槽，置入穿线管与接线盒；当穿好电线后，用水泥砂浆将线槽封闭平整，在封闭管线之前，应保留实际布设电线图纸，以备维修时提高工作效率和准确度。

↑暗敷插座面板

在装饰装修后期，当墙面完成饰面施工后，在接线盒上安装开关、插座面板，完成电路敷设；应从外部看上去时，其视觉效果良好。

↑应急灯

应急灯应安装在室内楼梯间、过道处醒目位置；当发生火灾时，会受到消防照明、报警控制箱指令而点亮，或在整体电路断电后照明。

↑消防照明、报警控制箱

消防照明、报警控制箱安装时应当与装饰面平齐；照明电路线材专用的双色绞线，应具有较强的抗拉伸能力。

★照明答疑解惑

问：家居住宅不同区域的线路应当如何布置，才能保证既经济又安全？

答：客厅布置4条线路（回路），包括电源线、照明线、音响电视线和空调线，客厅至少应留4个电源线口。餐厅布置3条线路，包括电源线、照明线、空调线；阳台布置1条线路，包括电源线与照明线混合使用。卧室布置3条线路，包括电源线、照明线、空调线，床头柜的上方要预留电源线口，并采用带开关的5孔插线板。卧室照明灯光采用双控开关，一个安装在卧室门处，另一个安装在床头柜边。厨房布置2条线路，包括电源线和照明线，切菜区可以安装一个小灯，以免光线不足，并预留微波炉、电饭煲、消毒碗柜、电冰箱、料理机、油烟机等电源插座。卫生间布置2条线路，包括电源线和照明线，吊顶上的取暖器可与照明线混合，热水器和洗衣机的电源插座要预留。

八、照明导线

电能是通过导线（电线）来传递的，导线品种繁多；不同用途的导线，其导电能力不同，价格也有差别。如何经济、合理地选择电线，非常重要。

在导线标识上，目前家装电线市场上电线型号有BV、BVR、RV、RVV等。例如，BV-500-4×4导线标识表示如下：BV是指铜芯聚氯乙烯（PVC）绝缘电线；500是指该电线耐压值为500V；4×4是指该电线由4根、导线截面积为4mm²芯线组成。通常电气设计时，可按导线截面积为1mm²铜导线承载6A电流进行估算。因此，导线截面积为2.5mm²照明线可承受16A电流，即最大承载功率为3300W；4mm²插座可承受25A电流，即最大承载功率为5280W。220V电压环境下的单芯铜导线承载电流和功率可参考表2-3。

表2-3　220V电压环境下的单芯铜导线承载电流和功率

导线截面积/mm²	承载电流/A	安全承载电流/A	最大承载功率/W
1	6~10	6	1320
1.5	10~16	10	1980
2.5	16~25	16	3300
4	25~32	25	5280
6	32~40	32	7920
10	40~63	40	13200

照明设计时应了解火线和零线的区别在于它们对地的电压不同：火线的对地电压为220V；零线的对地电压等于零（这是因为它是与大地直接连接在一起的）。所以，当人体的一部分碰到了火线（手触摸到火线等），另一部分与大地相接触（脚站在地上等）时，人体这两个部分之间的电压为220V，就有触电的危险。反之，即使人站在地上用手去触摸零线的话，由于零线对地的电压等于零，所以人的身体各部分之间的电压等于零，人就没有触电的危险。

↑试电笔

在设计过程中一定要重视接地线的重要性，正确接地可以提高整个电气系统的抗干扰能力；照明电线安装之后，还要用试电笔进行检测，确保灯具设备外露的金属构造不带电。

第三节 | 照明电路设计案例解析

照明电路设计多与建筑室内装饰电路融为一体，照明电路图是建筑装饰设计图的重要组成部分。下面介绍两套照明电路设计参考方案，并较详细介绍照明电路设计方法。

一、家居住宅照明电路设计

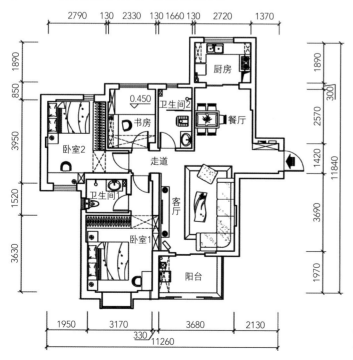

←住宅平面布置图（单位：mm）

住宅作为常见的建筑空间，其平面布置图展示了设计师的具体设计理念与客户想要达到的布局形态，将客厅、餐厅、卫生间、厨房、阳台、卧室等功能分区确定后，才能安排照明灯具与电路。

→**住宅顶面布置图**
（单位：mm）

住宅顶面布置图详细
设计了灯具布局，是
照明灯具电路设计的
基础。

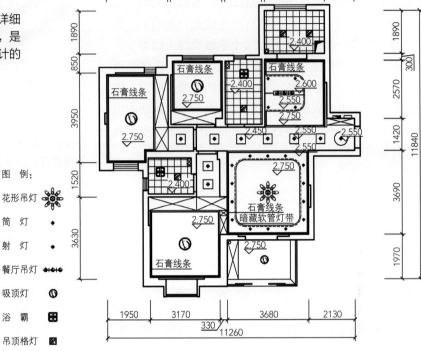

图　例：

花形吊灯　�֎

筒　灯　◆

射　灯　◆

餐厅吊灯　◑◉◐

吸顶灯　◍

浴　霸　▦

吊顶格灯　◪

→**住宅照明灯具电路
布置图**

（单位：mm）

将灯具与墙面开关
连接起来，根据使
用功能安排开关的位
置；直线表示开关与
灯具之间的连线，弧
线表示灯具与灯具之
间或多控开关之间的
连线。

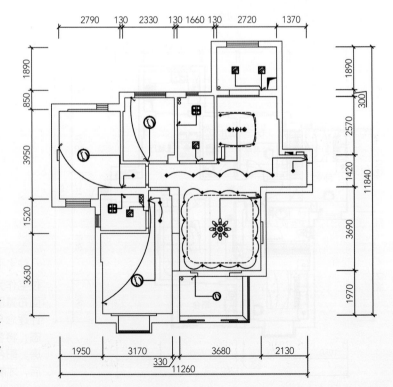

图　例：

单　开　↗

双　开　↗

三　开　↗

四　开　↗

```
                                ┌ DZ47-60 C16   BV-2×1.5-PVC18-WC ──── ① 门厅客厅餐厅走道阳台照明
                                ├ DZ47-60 C16   BV-3×2.5-PVC18-WC ──── ② 门厅客厅餐厅走道阳台插座
                                ├ DZ47-60 C20   BV-2×4+2.5-PVC18-WC ── ③ 客厅空调插座
                                ├ DZ47-60 C16   BV-3×2.5-PVC18 WC ──── ④ 厨房照明与一般插座
                                ├ DZ47-60 C16   BV-3×2.5-PVC18-WC ──── ⑤ 卫生间2照明与一般插座
                                ├ DZ47-60 C16   BV-3×2.5-PVC18-WC ──── ⑥ 书房照明与一般插座
BV-3×10-SC25-WC ── DZ47-60 C40 ─┤ DZ47-60 C20   BV-3×2.5-PVC18-WC ──── ⑦ 书房空调插座
                                ├ DZ47-60 C16   BV-3×2.5-PVC18-WC ──── ⑧ 卧室2照明与一般插座
                                ├ DZ47-60 C20   BV-3×2.5-PVC18-WC ──── ⑨ 卧室2空调插座
                                ├ DZ47-60 C16   BV-3×2.5-PVC18-WC ──── ⑩ 卫生间1照明与一般插座
                                ├ DZ47-60 C16   BV-3×2.5-PVC18-WC ──── ⑪ 卧室1照明与一般插座
                                └ DZ47-60 C20   BV-3×2.5-PVC18-WC ──── ⑫ 卧室1空调插座

                         现有电箱移至鞋柜后
```

↑ 住宅电路系统图

BV-3×10表示引入室内的电线为3根10mm^{2}铜芯聚氯乙烯（PVC）绝缘电线，分别为火线、零线、地线；SC25-WC表示上述电线穿入内径25mm的镀锌钢管中，线管暗埋在墙体中输入室内；DZ47-60 C40表示采用的空气开关型号，最大承载电流为40A；DZ47-60 C16/C20表示后续分支空气开关型号，最大承载电流为16A/20A；BV-2×1.5表示引出的分支回路电线为2根1.5mm^{2}铜芯聚氯乙烯（PVC）绝缘电线，分别为火线、零线；PVC18-WC表示分支回路电线穿入内径18mm的PVC管中，线管暗埋在墙体中输入室内各处；最后带圈标号为电路回路的流水编号，后续文字内容为使用部位名称。

↑ 客厅背景墙照明

客厅背景墙采用3000K（K表示色温）软管灯带（12W/m），环绕墙体造型。

↑ 客厅顶面照明

吊顶周边采用5000K筒灯（3W/个），吊顶内部暗藏3500K软管灯带（12W/m）；主吊灯采用5000K的LED灯具泡（21W/个），形成多级照明效果。

↑ 餐厅照明

餐厅周边采用5000K筒灯（3W/个），主吊灯采用4000K的LED灯具泡（18W/个）。

↑ 门厅过道照明

门厅过道采用5000K筒灯照明（3W/个）。

↑ 卧室顶面照明

主吊灯采用3500K的LED灯具泡（12W/个），搭配可变色温的床头灯（12W/个）。

↑ 卫生间镜前灯照明

卫生间镜前采用5000K镜前灯照明（9W/个）。

二、办公区照明电路设计

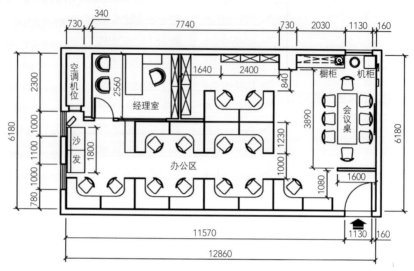

↑平面布置图（单位：mm）

办公区照明要能活跃企业气氛，增强员工工作积极性；同时，也要营造一种舒适感。平面布置图将各功能区划分出来，为照明设计奠定基础。

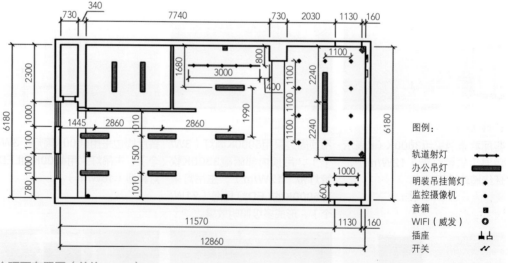

图例：

轨道射灯	⊶⊷
办公吊灯	▬▬
明装吊挂筒灯	◆
监控摄像机	●
音箱	▤
WIFI（威发）	◉
插座	⊥⊥
开关	⤢

↑顶面布置图（单位：mm）

顶面不设计吊顶造型，将灯具吊挂安装，强化照度，能提升对工作面的照明效果。

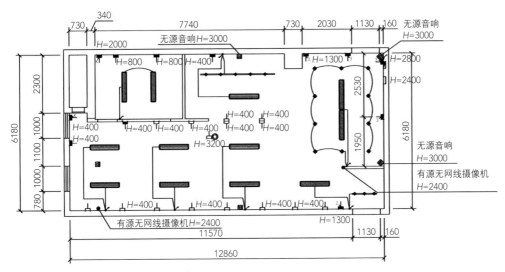

↑照明灯具电路布置图（单位：mm）

由于图面设计内容不多，可以将灯具、开关、插座、弱电设备同步设计，一切以灯具照明电路为核心。

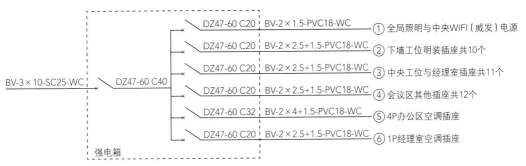

↑电路系统图

BV-3×10表示引入室内的电线为3根10mm²铜芯聚氯乙烯（PVC）绝缘电源线，分别为火线、零线、地线；SC25-WC表示上述电线穿入内径25mm的镀锌钢管中，线管暗埋在墙体中输入室内；DZ47-60 C40表示采用的空气开关型号，最大承载电流为40A；DZ47-60 C20/C32表示后续分支空气开关型号，最大承载电流为20A/32A；BV-2×1.5表示引出的分支回路电线为2根1.5mm²铜芯聚氯乙烯绝缘电源线，分别为火线、零线；PVC18-WC表示分支回路电线穿入内径18mm的PVC管中，线管暗埋在墙体中输入室内各处；最后带圈标号为电路回路的流水编号，后续文字内容为使用部位名称。

↑门厅背景墙照明

门厅背景墙采用3500K轨道射灯（7W/个）。

↑办公区照明

办公区采用5000K条形灯（18W/个），平均每8~10m²分布1个。

↑会议区照明

会议区采用4000K筒灯（12W/个），中央搭配5000K条形灯（18W/个）。

本章小结

　　电路是照明设计的基础，需要结合建筑装饰装修知识，掌握一定电学常识后才能进行深化设计。本章所介绍的电学常识与电线敷设规范能营造出良好的照明环境，科学布线、科学用电、倡导节能是我国照明行业发展的基本目标，照明设计应真正满足安全、高效照明要求。

第三章

照明计量化设计

阅读难度： ★ ★ ★ ★ ★

重点概念： 光通量、照明数据、计算公式

章节导读： 照明设计中的光通量计算十分复杂，为了提高照明设计的学习、工作效率，本章通过图表列出照明光通量数据，对数据进行套用，能快速计算出照明数据。照明数据计算是照明设计的基本功之一。

▶ 微信扫码 ◀

↑ 博物馆照明

博物馆照明需要经过精确计算，展柜外部照明仅能表现出展柜造型的体积感，展柜内部还需要安装灯光以补充照明。

第一节 | 照明数据化

照明数据是指工作面高度、水平方向上的照度水平，但对于特定的空间，如画廊、艺术馆等，照明数据则是指垂直面上的光照强度。因此，不同空间的照明数据是不同的。

一、根据光通量选择灯具

选择合适的光通量才能创造更具特色的视觉盛宴。照明设计主要根据灯具来实现照明目的，以达到更好的照明效果。为充分了解灯具，首先应了解灯具的光通量。

光通量的单位为流明（lm），在理论上其单位相当于电学单位瓦特；灯具的功率不一样，光通量也会有所变化。光通量与照明方式密切相关。常见灯具参考光通量可参考表3-1。

表3-1　常见灯具参考光通量

灯的种类	光通量/lm	灯的种类	光通量/lm
60W标准白炽灯	900	5W射灯	250~300
18W荧光灯	1350	9W射灯	450~720
36W荧光灯	2600	15W射灯	750~900
100W高压钠灯	9500	1500W卤素灯	165000
100W卤素灯	8500	90W节能灯	5000

5W中性光LED灯带

15W白光LED射灯　15W中性光　　　5W中性光
　　　　　　　　　LED壁灯　　　　LED射灯

↑美术馆照明

↑卫生间照明

↑室内篮球馆照明

美术馆可选用不同功率的轨道射灯作为照明灯具，从而为书画和摄影等作品提供不同程度的照明。

室内空间照明方式增多后会体现丰富的空间层次效果；在塑造有灯光氛围的室内空间时，应当选用至少三种灯具相互搭配，形成丰富的照明效果。

室内篮球场内空高度为6.9m，平均每10m²设置一件吊灯，均衡排列布置，形成无影化地面采光。选用500W卤素灯。

二、照明功率密度

照明功率密度是指单位面积上的照明安装功率或单位面积上消耗的照明用电功耗，包括光源、镇流器或变压器等。单位为W/m²。

照明功率的计算方法如下：

灯具的用电功率（W）=房间面积（m²）×单位面积上消耗的照明用电功耗（W/m²）

下面列举一些常见灯具的照明功率密度（以下有时简称为功率密度）及其适用场所。由于不同空间对照明的功能性需求有所不同，所要达到的光照强度（或照度）与功率密度值也会有所不同。常见空间的光照强度与功率密度可参考表3-2，在选用照明灯具时可以作为参考。

表3-2　常见空间的光照强度与功率密度

常见场所	图例	光照强度/lx	荧光灯或LED灯具的功率密度/（W/m²）	白炽灯或卤钨灯的功率密度/（W/m²）
公共空间走廊、楼梯		20~50	1~2	3~6
办公室走廊、剧场观众席		50~100	3~5	6~10
建筑门厅、等候大厅、商场中庭		100~200	5~10	10~20
办公区、教室、会议室、大型商场		200~500	10~25	不推荐
实验室、工作区、体育场		500~1000	25~50	不推荐

在照明设计中还有其他因素会影响最终的照明效果。例如，有的照明方法仅适合于具有白色调或浅色调的墙面，以及窗户数量适当的普通空间。当空间墙面为暗色调或空间形态特殊时，若选择同样的照明方式，可能会适得其反。

为了更好地营造照明环境，可以适当降低照明功率密度，使照明环境更顺应人心，更符合大众的需求，也更绿色、环保。

15W暖色光LED吊灯

15W冷色光LED吊灯

↑不同灯具具有不同的功率

↑环保型灯具

在不同装修风格的餐厅中，所选用的灯具也会有所不同；餐厅设计采用了木质屏风，是为了体现古朴、清新的气息；灯具选用了藤蔓式的灯罩，照明功率也比较小。

艺术吊灯可以很好地增强现代感，餐厅墙面色调偏白，灯具也是以白色为主色调的艺术吊灯；球形灯罩能降低照明功率，使得整体照明明亮而不刺眼。

选择高效的灯具是降低照明功率密度最关键的要素，如果难以达到照明功率密度限值，还可以通过降低光照强度来改善。例如，可以将通道和非作业区的光照强度降低到作业面光照强度的30%；装饰性灯具可以按其功率的50%来计算照明功率密度值；还可以适当降低灯具的安装高度来提高灯具照明效果。

三、根据空间类型选择空间照度值

空间照度值是指空间内的光照强度，即单位面积上所能接受到的可见光的光通量，主要用于表示光照的强弱与物体表面积被照明的程度。

空间利用系数CU是指工作面或其他参考面上，被照射面上的光通量与照明灯具发射的光通量之比。

随着照明灯具的老化，灯具光输出能力的降低以及光源使用时间的增加，光源会慢慢开始发生光衰现象。这里列举了不同空间的参考照度值，供照明设计参考。不同空间的照度参考值见表3-3。

↑悬挂式铝罩灯

↑内嵌式筒灯

安装悬挂式铝罩灯的空间高度在3m时，灯具的空间利用系数CU取值为0.7~0.45。

内嵌式筒灯在2.5m左右的高度空间使用时，灯具的空间利用系数CU取值为0.4~0.55。

↑博物馆照明

↑灯盘应用

灰尘的累积，会导致空间反射效率降低；而博物馆属于比较干净、肃静的场所，灯具的空间利用系数CU取值为0.8。

灯盘在3m左右高的空间使用时，灯盘的空间利用系数CU取值为0.6~0.75。

表3-3　不同空间的照度参考值

大空间	小空间	图例	主要照明区域与活动	照度值/lx
住宅空间	玄关		镜子	500~750
			装饰柜	200~300
			一般活动	100~150
	客厅		桌面、沙发	200~300
			一般活动	50~75
	书房		写作、阅读	600~800
			一般活动	80~100
	厨房、餐厅		餐桌、台柜、水洗槽	300~500
			一般活动	100~150
	卧室		看书、化妆	500~750
			一般活动	30~40
			深夜	1~2
	儿童房		作业、阅读	500~800
			游玩	200~300
			一般活动	100~150
	卫生间		一般活动	100~150
			深夜	2~3
	走廊、楼梯		一般活动	50~80
			深夜	3~5
	车库		清洁、检查	300~400
			一般活动	50~80
商业空间	商店公共空间		局部陈列区	1000~1500
			重点陈列区、结账柜台、电扶梯上下处、包装台	800~1000
			电扶梯、电梯大厅	500~600
			一般陈列区、洽商室	500~800
			接待室	200~300

大空间	小空间	图例	主要照明区域与活动	照度值/lx
商业空间	商店公共空间		化妆室、卫生间、楼梯、走廊	100～150
			店内一般休息室	80～100
	日用品店		重点陈列区	800～1000
			店面重点部分	600～800
			店内一般区	400～500
	超市		主陈列区	1500～2500
			店内一般区	1000～1500
	百货商场		橱窗重点、展示区、店内重点陈列区	2000～3000
			专柜、店内陈列	1200～1500
			服装专柜、特价品区	1000～1200
			低楼层	500～800
			高楼层	400～600
	服饰店		橱窗重点	2000～2500
			试衣间、重点陈列	1000～1200
			特别陈列	800～1500
	文化用品店		橱窗重点、店内陈列	1500～3000
			舞台商品的重点陈列	1000～1500
			室内陈列、服务专柜	750～1000
	休闲用品店		室内陈列的重点、模特表演区、橱窗	800～1000
			店内一般陈列、特别陈列、服务专柜	600～800
			店内其他陈列	400～600
	生活品专用店		橱窗重点	1000～1500
			展示室	750～1000
			服务专柜	400～500
	高级专门店		橱窗重点	2500～3000
			店内重点陈列	1200～1500
			一般陈列品	800～1000

续表

大空间	小空间	图例	主要照明区域与活动	照度值/lx
商业空间	高级专门店		服装专柜、设计发表专柜	600～800
			接待室	300～400
娱乐、休闲空间	美术馆、博物馆		模型、雕刻（石、金属）	800～1200
			大厅	400～600
			绘画作品、工艺品、一般陈列品	200～300
			标本展示、收藏室、走廊楼梯	100～150
			视频放映室	10～20
	公共会馆		化妆室、特别展示室	1000～1500
			图书阅览室、教室	400～700
			宴会场所、大会议场所、展示会场、集会室、餐厅	300～500
			礼堂、乐队区、卫生间	150～200
			结婚礼堂、聚会场所、前厅走廊、楼梯	100～150
			储藏室	50～80
	酒店、旅馆		前厅柜台	1000～1500
			行李柜台、洗面镜、停车处、大门、厨房	400～500
			宴会场所	400～500
			餐厅	200～250
			客房、娱乐室、更衣室、走廊	100～150
			安全灯	5～10
	公共浴室		柜台、衣物柜、浴室走廊	300～500
			出入口、更衣室、淋浴间、卫生间	200～300
			走廊	100～150
	美容院、理发店		剪烫发、染发、化妆	800～1000
			修脸、洗发、前厅挂号台	600～800
			店内卫生间	200～300
			走廊、楼梯	100～150

续表

大空间	小空间	图例	主要照明区域与活动	照度值/lx
娱乐、休闲空间	餐厅、饮食店		食品柜	1200～1500
			货物收受台、餐桌、前厅、厨房调理室	500～600
			正门、休息室、餐室、卫生间	200～300
			走廊、楼梯	100～150
	剧院、戏院		售票室、出入口、贩卖店、乐队区	300～400
			观众席、前厅休息室、卫生间	150～200
			放映室、控制室、楼梯、走廊	80～100
			控制室、放映室	20～30
			观众席	3～5

★照明答疑解惑

问： 如何测量光照强度？

答： 可以通过照度计来测量光照强度。照度计主要由硅光电池等和照度显示器这两部分组成，它可以用来测量被照面上的光照强度；也可以测量同一空间内不同面向的照度值。测量时，要注意如果想要测量桌面的照度，则需要将照度计平放于桌面上；测量墙面照度时，应将照度计紧贴于墙面。

第二节 照明数据计算

照明数据计算是成功完成空间照明设计的基本功，设计师不仅需要具备运用灯光营造环境气氛的审美能力，还要能对照明设计进行量化的计算。

照度（也称为平均照度）会受到照明灯具品种、安装高度、房间大小、反射率的影响，应根据照度的基本计算方法迅速得出所需的照度，并将其运用到合适的区域。平均照度值（E_{av}）计算方法主要如下：按照平均照度值计算方法和公式进行计算，同时最好参考权威的《照明设计手册》，主要包括"利用系数法求平均照度（流明系数法）"和"简化流明计算法"两种方法；使用专业的照明设计软件进行计算等。

一、平均照度值计算方法

平均照度值（E_{av}）的计算方法大致分为精确计算和粗略估算两种。严格来说，前者也只是相对精确，存在一定误差。如果已知空间利用系数（CU）[空间利用系数（CU）是指工作面或其他规定的参考面上，以直线或经相互反射接受的光通量与照明装置全部灯具发射的额定光通量总和之比，或是指从照明灯具发射出来的光束有百分之多少到达地板和作业台面]，则可以方便地利用以下公式进行快速计算，求出我们想要的室内工作面的平均照度值（E_{av}）。通常把这种计算方法称为"利用系数法求平均照度"，也称为流明系数法，计算方法如下。

灯具平均照度（E_{av}）= [单个灯具光通量（lm）×灯具数量（个或件）×空间利用系数（CU）×维护系数（K）]÷地板面积（m²）

上述方法适用于室内或体育场的平均照度（E_{av}）数据计算。

单个灯具光通量指的是这个灯具裸光源的总光通量值。空间利用系数则与照明灯具的设计、安装高度、房间的大小与反射率相关，如室外体育馆的空间利用系数为0.35。

维护系数（K）的变化因空间清洁程度与灯具的使用时间等会有所不同。一般较清洁的场所，如客厅、卧室、阅读室、医院、高级品牌专卖店、艺术馆等维护系数取为0.8；普通商店、超市、营业厅、影剧院等场所维护系数取为0.7；污染指数较大的场所维护系数为0.6左右。

根据灯具在不同空间的空间利用系数，可以计算出照度值以及灯具所需的数量，但所有数值并不是一成不变的，可能会随着装饰材料的变化而变化。此外，空间利用系数与墙壁、顶棚及地板的颜色和洁污情况也有关系：墙壁、顶棚等颜色越浅，表面越洁净，反射的光通量越多，空间利用系数也就越高；灯具的形式、洁净度和配光曲线等也会对空间利用系数产生影响。

↑ 空间利用系数与墙面、顶棚材料有关

墙面、顶棚材料在符合风格的前提下，需尽量选择色泽较浅、表面质地较光滑的材料，这样也便于照明设计。

↑ 空间利用系数与灯具洁净度有关

灯具在使用期间，光源本身的光效会逐渐降低，灯具会陈旧脏污，被照场所的墙壁和顶棚会有污损，工作面上的光通量也会因此有所减少。

↑ 健身房照度

健身房在设置照度值时，参考平面为离地750mm的水平面，照度值为300～500lx。

| ↑ 卫生间照度 | ↑ 酒店宴会厅照度 | ↑ 美容院照度 | ↑ 理发店照度 |

家居卫生间在设置照度值时，参考平面要距离地面750mm；根据面积的不同，照度值也有所不同，照度值为100～150lx。

酒店宴会厅在设置照度值时，参考平面要距离地面750mm；根据功能需求的不同，照度值也有所不同，照度值为400～500lx。

美容店在设置照度值时，参考平面要距离地面750mm；根据面积的不同，照度值也有所不同，照度值为600～800lx。

理发店在设置照度值时，参考平面要距离地面750mm，照度值为800～1000lx。

有时我们所要设计的空间由于特殊情况的存在，不太适合采用软件或者其他工具进行计算时，比如地板、桌面、作业台面，可能材质大不相同，还可以采用简化流明计算法，粗略估算如下。

空间所需照度（lx）＝光源总光通量（lm）÷空间面积（m²）÷2

上述简化流明计算法是指用光源的总光通量除以被照明场所的面积，然后再除以2，这样就能得到被照明场所的照度近似值。熟练掌握这种计算方法，也能够使照明设计更方便。

无论哪一种照度计算方法都是重要的。虽然只是粗略估算，但有20%～30%的误差，所以建议在一般情况下最好采用专业的照明设计软件进行精确模拟计算，将误差控制在最小范围内。

即使在同一空间，由于场景的需求不同，照度值也会有所不同。照明设计可以多采用调光装置或运用多种组合的形式来达到不同照度。此外，不同自然光环境下所呈现的照度值也是不一样的，昼夜变化以及晴雨的变化都会对照度值有所影响。

| ↑ 室外不同光照环境下的照度 | ↑ 不同夜光情况下的照度 | ↑ 结合光照进行照明设计 |

晴天室外的照度值为5000～10000lx；阴天室外的照度值为3000～5000lx，室内照度值则为500～800lx。

在黄昏时分，室内的照度值为200lx；在比较黑的夜晚，照度值为1～2lx；在有星光的夜晚，照度值为2～3lx；在有月亮的夜晚，照度值为3～4lx；在月圆夜，照度值为4～6lx。

根据不同自然光环境下的照度值，在设计照明时应当将空间的采光方向、自然朝向、空间高度等与之结合起来，所营造的灯光效果也会更丰富，更具有艺术气息。

空间利用系数的选择还与房间的空间特征系数有关。房间的空间特征系数，主要包括顶棚空间特征系数、室内空间特征系数、地板空间特征系数；这三个空间特征系数彼此间关系密切，其空间系数的计算方法也相互关联。

二、照明设计的照明功率密度计算

照明功率密度（有时简称为功率密度）是照明设计的重要数值，是指单位面积上的照明安装功率（包括光源、镇流器或变压器等），即在达到规定的照度值情况下，每平方米面积所需要的照明灯具功率（或功耗），单位为W/m²。了解照明功率密度及其计算方法可以帮助我们更好地选择灯具，从而达到更好的照明效果。

如果要在某个房间获得所需的照明水平，可以通过采用照明功率密度法，用房间面积乘以单位面积照明用电功耗（即功率密度值）来计算出使用灯具的用电功率值：

灯具的用电功率（W）＝房间面积（m²）×单位面积照明用电功耗（W/m²）

常用光照强度与功率密度值可参考表3-4。

表3-4　常用光照强度与功率密度值

空间	图例	等级	光照强度/lx	功率密度值/（W/m²）
办公室		普通	400	12
会议室		普通	300	10
服务大厅		普通	300	10
走廊		普通	120	4
门厅		普通	90	3
		高档	200	6
电梯厅		普通	90	3
		高档	150	5
楼梯间		普通	60	2
		高档	120	4

续表

空间	图例	等级	光照强度/lx	功率密度值/（W/m²）
卫生间		普通	90	3
		高档	150	5
配电间		普通	180	6
电梯机房		普通	210	7
公共车库		普通	90	3
控制室		一般控制室	300	10
		主控制室	480	16
常规设备机房		普通	90	3
计算机网络中心		普通	420	14
仓库		一般仓库	120	4
		大件仓库	180	6

注：在照明设计中应尽量降低实际照明功率密度，以实现环保、节能效果。

第三节 | 照明数据计算案例解析

通过对以下实际案例，可以帮助我们更好地快速了解照明功率密度的计算方法与照明数据计算，下面就对相关案例进行计算与分析。

一、办公室照明数据计算

设计条件：办公室长10m，宽10m，平均照度要求约为400lx。

现根据表3-4可选择功率密度为12W/m²的荧光灯（32W的T8条形灯）作为所需照明的灯具，计算办公室内的灯具数量是多少？计算过程如下。

灯具的用电功率（W）= 房间面积（m²）×
单位面积照明用电
功耗（W/m²）
= 100m² × 12
= 1200W

↑**办公室照明**

办公区域一般都配有计算机，工作台面的照度值一般为400lx。

如果选用32W的T8条形灯，需要灯具：1200W÷32（W/台）≈38盏。

结论：需要32W的T8条形灯约38盏。

二、会议室照明数据计算

设计条件：在一间普通会议室的观众席照明中，会议厅面积是300m²，所需要的照度要求约为300lx。

现根据表3-4可选择功率密度为10W/m²的60W或100W的下射灯，计算会议室灯具数量是多少？计算过程如下。

灯具的用电功率（W）= 房间面积（m²）×
单位面积照明用电
功耗（W/m²）
= 300m² × 10（W/m²）
= 3000W

↑**会议厅照明**

会议室根据场地规模大小不同，照度值会有所不同；普通会议室照度值宜为250lx，中等会议室照度值宜为300lx，高级会议厅照度值宜为350lx。

如果选用60W的下射灯，需要灯具：3000W÷60（W/台）W/台=50盏。

如果选用100W的下射灯，需要灯具：3000W÷100（W/台）=30盏灯具。

结论：需要50盏60W的下射灯或30盏100W的下射灯。

三、教室照明数据计算

设计条件：教室面积为96m²，所需要的照度要求约为300~400lx，所需要的功率密度（可基本参照办公室和会议室）设为8~12W/m²。

现根据表3-4可选择32W的T8条形灯作为所需照明的灯具，计算教室内灯具数量是多少？计算过程如下。

当采用32W的T8条形灯进行照明时：需要的电功率最小值为96m²×8（W/m²）=768W；需要的电功率最大值为96m²×12（W/m²）=1152W。

相应所需灯具数量：最小值为768W÷32W=24盏；最大值为1152W÷32W=36盏。

结论：需要24~36盏32W的T8条形灯。

↑ 教室照明

教室照度值为300~400lx；灯具的开关应根据教室内的实际使用人数设置，全部坐满时则全部灯光开启。

本章小结

在照明设计初期，仅能为整体设计提供思路。为达到照明与人融合、与环境融合的目的，就必须要统筹全局，以照明数据为前提开展照明设计工作；通过精确计算灯具数量与品种，确定准确的灯具数量后，才能进行后续的照明施工与安装。

第四章

照明方式选择

阅读难度： ★ ★ ★ ☆ ☆

重点概念： 直接照明、间接照明、艺术照明

章节导读： 照明设计中最常用的两种方式是直接照明与间接照明。此外，近几年艺术照明水平也在不断提升，使得照明逐渐成为公众能够触及、感受的艺术形式。如果没有创造性的思维来设计照明空间，就不可能产生优秀的作品。丰富的照明方式能为空间照明增添更多的魅力。

▶ 微信扫码 ◀

↑ 艺术餐厅照明

特色艺术餐厅对照明的设计要求更高。吊灯作为传统装饰照明方式之一，不再作为主要的照明方式；顶部筒灯、射灯有目的地照射到墙面、家具表面后，可形成多重反射效果，能提升空间的层次感。

第一节 照明类型选用

　　照明设计不仅能够满足视觉功能上的需要，还能使环境空间具有相应的气氛与意境，增加了环境的舒适度；通过选择不同的照明方式，能营造出不同的视觉效果。

一、直接照明

　　光线通过灯具射出，其中90%～100%的光通量（光源）到达照射面上，这种照明方式为直接照明。直接照明具有强烈的明暗对比，能形成生动、有趣的光影效果，可以突出被照射面在整个环境中的主导地位。但是，由于直接照明亮度较高，应当防止产生眩光，对射灯、筒灯、吸顶灯、带镜面反射罩的灯具等应尤为注意。在局部照明中，往往只需小功率灯泡即可达到所需的照明要求。

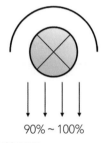

90%～100%

↑直接照明

直接照明是指90%～100%的光源到达照射面上；其光照强度高，照明效果好。

↑公共餐厅直接照明

远离外墙门窗的室内空间，会采取直接照明来模拟阳光；可采用投射性能较好的筒灯、射灯、吊灯等。

↑等候大厅直接照明

直接照明可采用呈线状或呈面状的灯带、灯片，将其暗藏在吊顶内，通过吊顶或顶面白色乳胶漆向下照明。

> **Tips　住宅空间灯具的选择**
>
> 　　住宅中的灯具选用应根据使用者的职业、爱好、生活习惯，并兼顾家居设计风格、家具陈设、施工工艺等多种因素来综合考虑。客厅一般使用庄重、明亮的吊灯为主要照明灯具，在主要墙面与边角处配置局部射灯或落地灯。餐厅灯具选用外表光洁的玻璃、金属材料的灯罩，能随时擦拭，利于保洁。卧室可用壁灯、台灯、落地灯等多种灯具联合局部照明，使室内光源增多，光线层次丰富而柔和。书房除了配置用于整体照明的吸顶灯外，台灯或落地灯也是必不可少的。厨房、卫生间由于长期遭受油污、水汽侵扰，应采用灯罩密封性较强的吸顶灯或防潮灯。

二、半直接照明

半直接照明形成方式：将半透明材料制成的灯罩罩在光源旁，60%～90%以上的光源（光通量）集中射向照射面，10%～40%被罩光源又经半透明灯罩扩散而向上漫射。其光线比较柔和。半直接照明常用于净空较低的房间。由于漫射光线能照亮平顶，使房间顶部高度增加，因而能产生较高的空间感。

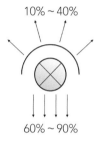

↑半直接照明

↑客厅半直接照明

↑办公区半直接照明

60%～90%以上的光源（光通量）集中射向照射面，10%～40%被罩光源又经半透明灯罩扩散而向上漫射。其光照强度较高，具有一定的装饰效果，灯具造型变化大。

台灯灯罩以及落地灯灯罩上部都有开口，这种向上照射的光线可通过天花板投射下来，从而达到半直接照明的目的。

半直接照明适用于对采光要求较高场所；同时，可兼顾休闲娱乐效果与营造轻松氛围的餐饮空间、办公区、会议洽谈空间。

三、间接照明

间接照明是将光源遮蔽而产生的间接光的照明方式，通常有两种处理方法：一种是将不透明的灯罩装在灯具的下部，光线射向平顶或其他物体上反射成间接光线；另一种是将灯具设在灯槽内，光线从平顶反射到室内成间接光线。

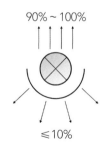

↑间接照明

↑会客区间接照明

↑商业空间过道间接照明

间接照明是指90%～100%的光源（光通量）通过顶面反射，10%以下的光源则直接照射照射面，光照较弱；其具有较强的装饰效果，照明的整体性较好，灯具造型变化大。

间接照明单独使用时，要注意不透明灯罩下部的浓重阴影：通常和其他照明方式配合使用，以便能获得特殊的艺术效果。

间接照明适用于对采光要求不高的通过空间。由于间接照明的光线几乎全部反射，因此非常柔和，无投影，不刺眼；一般为安装在柱子、天花吊顶凹槽处的反射槽。

问： 选择灯具需要注意什么？

答： 主要需要注意地面距顶面的高度，避免灯具对空间造成压迫感。应了解各个空间的灯具配置，如客厅的灯具安装高度应当为使用者的手伸直碰不到的距离；卧室可使用吸顶灯或半吊灯，灯的高度不宜太低，以免使人产生紧张感。还应了解最常开灯的功能空间，根据人流量与使用频次来设置灯具。

四、半间接照明

半间接照明与半直接照明相反，它将半透明的灯罩装在光源旁。这种方式能产生比较特殊的照明效果，使较低矮的房间有增高的感觉，适用于小空间，如门厅、过道等。

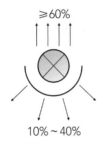

↑半间接照明

半间接照明多指60%以上的光源（光通量）射向顶面，10%～40%部分光源经灯罩向下扩散，光照较弱。

↑餐厅半间接照明应用

市场上大多数吊灯都会采用半间接照明方式，光源分布比较均匀，室内顶面无投影，整体空间也会显得更加透亮。

↑休息室半间接照明应用

半间接照明适用于对采光要求不高且内空较低的休闲空间，不仅可以避免灯具带来的压抑感；同时，也能保证空间的基础照明。

问： 除了在空间顶面设置灯具外，还有其他方式可以为空间提供照明吗？

答： 可以使用单点壁灯或者管状壁灯，将其设计成向上照射的形式，以达到间接照明的目的；还可以选择将灯光置于地面，或将光源设计为从下往上照射，以使光源能全面覆盖空间。但要注意避免眩光，可借助绿植来适当遮掩；还可以使用落地灯，落地灯设计比较自由，基本不受空间环境限制，适用于更多场景。

五、漫射照明

漫射照明是利用灯具的折射功能来控制眩光，40%～60%的光源（光通量）直接投射在被照明物体上，其余光源经漫射后再照射到物体上，光线向四周扩散、漫散。这种光源分配均匀、柔和。漫射照明主要有两种形式：一种是光源从灯罩上口射出经平顶反射，两侧从半透明灯罩扩散，下部从格栅扩散；另一种是用半透明灯罩将光源全部封闭而产生漫射。这类照明光线性能柔和，视觉舒适。

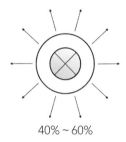

40%～60%

↑漫射照明

漫射照明是指40%～60%的光源（光通量）直接投射到被照明物体上，照明效果较弱，具有较强的装饰效果，照明的整体性较好。

↑阳台漫射照明

通常在灯具上设有漫射灯罩。其灯罩材料普遍使用乳白色磨砂玻璃或有机玻璃等，可用于门厅玄关或阳台处。

↑卧室漫射照明

漫射照明适用于对采光要求不高的休息空间局部照明，照明时不会轻易产生眩光，使用效果较好。

通过适当的照明方式能使色彩倾向与色彩情感发生变化，适宜的光源能对整个空间环境色彩产生重要影响。例如，直接照明可以使空间比较紧凑，而间接照明则显得较为开阔；明亮的灯光使人感觉宽敞，而昏暗的灯光则使人感到狭窄等。不同强度的光源还可使装饰材料的质感更为突出，如粗糙感、细腻感、反射感、光影感等，使空间的形态更为丰富。

经过上述分析，可以得出结论：直接照明与半直接照明都属于直接照明范畴，均可用于对采光强度较高的空间，灯具造型相对简单。间接照明、半间接照明和漫射照明都属于间接照明，适用于对采光要求多样性、丰富性的空间。在照明设计中，直接照明约占30%，间接照明约占70%。目前，更多的环境空间会采用间接照明或以间接照明为主导的照明形式。

第二节 直接照明与间接照明特色

为获得优越的视觉效果，必须对直接照明和间接照明有更深入的了解，要从经济性、光效性、设计性、后期发展性等方面进行全面了解，为深层次的照明设计打下基础。

一、直接照明的照度感

在合适的空间使用直接照明，能创造出更具魅力的照明环境。直接照明相对于间接照明而言其照明方式比较简单，一般使用的灯具有射灯、筒灯等直接型照明灯具。直接照明一般不会单独使用，而且不是每一个空间都适合使用直接照明。

↑控制好光线照射方向

↑注意灯具安装高度

↑直接照明巧妙设计

由于光是通过直线传播的，因此直接照明使用不当会造成眩光，会对人眼产生影响；同时，光线遇到物体时还会产生阴影，在使用直接照明时要控制好光线的照射方向。

设计时可以通过控制灯具的安装高度来对最终的照明效果进行调整，使用悬挂式吊灯作为直接照明的灯具时要注意安装的高度不宜过低，以免产生重影。

直接照明设计时要注意避免眩光的产生；可在空间中巧妙运用直接照明与间接照明，以使空间受光均匀，来创造一种柔和的视觉感受。

↑射灯作为直接照明灯具

↑主次分明的直接照明

↑直接照明不适用于小空间

用射灯作为直接照明的灯具时，要注意调整好射灯的亮度以及照射方向；不要将光线直接照射到观众面部上，以免引起视觉不适。

使用直接照明时，可以选择和其他照明方式相结合，这样不仅可以很好地平衡光线；同时，也不会导致某块区域亮度过高而产生眩光问题。

对于空间面积比较小的区域，使用直接照明可能会产生阴影，从而产生不好的视觉效果，不仅不能达到照明目的，而且对人眼也有伤害。

↑餐区直接照明

↑咖啡店不建议使用直接照明

↑饰品店直接照明

在用餐区域，良好的直接照明有以下作用：一方面，可以营造合适的用餐氛围；另一方面，也能增强食欲。

咖啡店一般不使用直接照明。例如，由于亮度过高，可能会导致消费者看不清楚菜单上的文字。

饰品店内展示区为直线形，射灯所带来的直接照明在展柜上形成小面积阴影，有效增强了饰品的立体感和质感。

二、间接照明的视觉感

选择合适的灯具和反射材料，可营造更好的视觉效果。间接照明是将直射光转变成温和扩散光的一种光衰减的照明方式。

↑ 框式空间内运用间接照明

在框式空间内，使用了非对称间接照明，从而创造出层层递进的感觉，逐步引人入胜；灯光比较简洁，能够体现出极简的造型风格。

↑ 住宅空间内运用综合照明

住宅空间内选用了合适亮度的直接照明与提高氛围的间接照明，混合的照明形式不仅能有效提高灯具效率；同时，光线也不至于太刺眼。此外，外部自然光通过门窗贴膜后分散，也能形成比较柔和的间接照明。

1.遮挡光线

为使间接照明达到更好的效果就必须意识到遮挡光线的存在。间接照明对光线有较高要求，直接裸露光源是不正确的；同时，为了遮光而使受光面上出现令人不适的遮挡光线也是不正确的。为了得到理想的光源效果，要考虑好光源的位置，还要意识到遮挡光线的存在，考虑好光源与遮光板之间的相对位置，并考虑照明细部构造的剖面形态。

2.受光面

为使间接照明达到柔和、自然、感染力大的效果，必须要注意间隙、遮挡光线、质感三大要素。在设计时，要注意光源与顶棚之间的距离，以及光源与墙体之间的距离。

遮挡光线

↑ 酒店客房照明

酒店客房照明经过遮挡光线处理后，光线的直接照射被有效减弱；整体照明环境也趋向一个比较柔和的状态，不会让人感觉不舒服。

↑ 受光面与间隙

光的扩散效果与间隙有着重要联系。当间隙不够时，光就容易受到影响，从而形成强烈的明暗对比，看上去不够自然，导致光线没有得到扩散；可以通过调整间隙大小来产生渐变的光效。

↑ 注重受光面的条件

选择无光泽的粗糙面作为装修面，才能达到理想的间接照明效果。受光面的条件主要是质感与反射的关系，反射能使感受加倍。

↑ 光源与受光面之间的关系

光源距离受光面越远，光的扩散范围就越大，并且更能得到理想的均匀光照。

↑ 粗糙的受光面

家具与装修构造表面的粗糙感能给人带来柔和的光感。

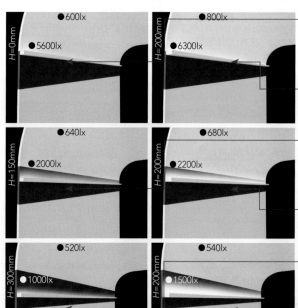

当光源与圆弧形顶棚边缘的间隙为0mm，与墙体的间隙为50mm时，墙面反射的亮度为5600lx，顶棚则为600lx。

光源与墙体的间隙为200mm时，墙面反射的亮度为6300lx，顶棚则为800lx。

当光源与圆弧形顶棚边缘的间隙为150mm，与墙体的间隙为50mm时，墙面反射的亮度为2000lx，顶棚则为640lx。

光源与墙体的间隙为200mm时，墙面反射的亮度为2200lx，顶棚则为680lx。

当光源与圆弧形顶棚边缘的间隙为300mm，与墙体的间隙为50mm时，墙面反射的亮度为1000lx，顶棚则为520lx。

光源与墙体的间隙为200mm时，墙面反射的亮度为1500lx，顶棚则为540lx。

当光源与墙体的间隙在50mm时，反射的光线会很集中，会给人带来不好的视觉感受。因此，一般在运用间接照明时不建议如此设计。

在采用圆弧形天花发光灯槽照明时，要考虑光源与墙体之间的距离，光源和墙体的间隙应在200mm以上。

← 光源与顶棚、墙体

　　间接照明在设计时还需要注意空间的统一，并应注意避免产生眩光。在使用间接照明时，还要注意节能，并提高灯具效率。

↑间接照明要注意空间统一

采用间接照明时要和其他照明方式混合，色光跳跃不宜过大；应注意整体照明的统一性。

↑间接照明要注意避免产生眩光

同一空间内的光线柔和度要一致；色光应该处于一个比较平衡的状态，以免造成重影。

↑间接照明要注意节能

光源采用光效高、光色好、寿命长、安全和性能稳定的电光源；其电气附件应功耗小、噪声低，对环境和人身无污染。

↑间接照明要提高灯具效率

使用间接照明时要注意光源需排列有序，合理的间距才能保证均匀的亮度，这样也能避免浪费能源。

　　间接照明是一种新颖的照明方式，它可以通过提升照明设计中的视觉元素，使室内环境显现出各种气氛和情调，达到神奇的艺术效果。但间接照明在创造了宜人光环境的同时，也会造成能源浪费。由于间接照明是采用反射光线以达到照明效果，消耗的光能较大，并且要与其他照明方式相结合才能达到设计要求。因此，间接照明通常只能用于特定的环境空间。

↑间接照明灯具

间接照明的灯具要采用灯具效率高、耐久性好、安全美观的灯具，配电器材和节能调光控制设备要求传输率高、使用寿命长、电能损耗低并且安全可靠。

↑间接照明照射材料

使用间接照明为空间提供照度时，照射材料建议采用漫射装饰的高反射率材料，可使光线最大限度地照亮空间。

↑间接照明用于墙角

间接照明可用于墙角处的照明；通过墙面的反射可以将光线传向四方，既能为室内装饰画提供补充照明，也能为其增添神秘感。

↑间接照明用于KTV

间接照明可用于KTV照明。KTV内的彩灯经过墙面和地面反射后，使得整体空间色彩变得比较艳丽，能更好地营造出愉快的氛围。

第三节 | 艺术照明

照明设计也是一种艺术创作。艺术照明就是利用灯光所特有的表现力来美化空间，在利用灯光为人们提供良好视觉条件的同时，通过灯具的造型及其光色与室内环境的协调，可使环境空间具有特定气氛和意境，以体现一定的设计风格。如今艺术照明已经被广泛运用于各种区域，如咖啡店照明、橱窗展柜照明等。

↑仿生形艺术照明灯具

通过艺术性的照明灯具能很好地达到照明的艺术效果。此处灯具采用了LED节能灯，并将其组合成树木生长的形状，既具有艺术气息；同时，也具备一定的环保性。

↑几何形艺术照明灯具

在选择具有艺术照明灯具时，还要考虑灯具的多功能性与实用性；灯具的灯罩可以旋转，可以很好地进行光照强度的调节，提供不同方位的照明。

> **Tips** 不同空间适合不同色系的光源
>
> 暖色系具有比较强的亲切感，如红色、黄色等，比较适合年轻人或儿童消费者消费；在同色系中，粉红色、鲜红色等女性喜好的色彩，比较适合女性消费者消费；冷色系比较有深远感，会降低亲切感，不适合严寒地区消费者消费。

一、多样化的艺术照明

1.因景制宜

因景制宜的设计方式是指依据空间的设计主题与所要表达的空间氛围来进行艺术照明设计。照明设计应该具有艺术价值，在设计时要考虑与环境特色、时代背景、历史文脉等相结合。

↑因景制宜的表现形式

因景制宜的照明方式可以通过灯光文化来烘托、重构环境主题，展现建筑中灯光艺术的无限魅力。

↑艺术照明的意义

几何形与仿生形相结合，在间接照明灯光的环绕下，富有奇幻感。

★照明答疑解惑

问： 间接照明主要有哪些作用？

答： 间接照明的作用在于营造一种祥和、浪漫的氛围，间接照明可以提升照明设计中与之相关的元素，能够使室内环境呈现出各种不同的气氛和情调，并且与室内环境色彩、形状等融为一体。间接照明能使室内空间本身成为主体，避免过多、过乱地使用灯具而造成视觉混乱，为丰富空间的造型起到良好的协调作用；同时，间接照明能够将光源隐藏起来，起到照亮空间而不外露光源的效果，避免产生眩光问题。

2.坚持原创

艺术照明设计的原创性应带给公众全新的视觉体验，而不是产生视觉疲劳。在保持照明空间原有特征的基础上，可适量隐蔽灯具，明确设计主题，利用艺术照明来体现空间特色，为空间增添光彩，而不是喧宾夺主。

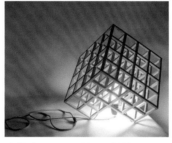

↑艺术照明设计的原创性

艺术照明设计可以通过灯具来展现原创性；设计灵感可以来自生活中的各种物品，但要注意整体设计的形体与美感。

↑与其他物品结合体现原创性

灯具的艺术性设计主要体现在将不同类别的物品相结合时，能有不一样的视觉效果。例如，可将不同材质、不同色系、不同样式的物品相结合，创造多层次照明。

↑艺术照明的空间原创性

在以设计体现空间原创性时，可充分运用空间原有设备，将其与灯具结合起来。

↑具备艺术特色的空间顶部造型

空间顶部造型设计也是艺术照明的一种形式；灯具安装在吊顶造型中，能与空间其他界面相协调。

3.绿色环保

艺术照明要强调低碳、节能，以绿色环保为基础，运用先进的照明器材和智能控制技术，降低照明功率密度，从而实现高效的灯光运用。

↑ 艺术照明灯具要具备环保性

在进行艺术照明设计时可以选用节能型灯具；同时，该灯具也需具备一定的艺术造型，既能烘托气氛，也比较经济、环保。

↑ 节能灯具的选用

LED灯具是目前比较常用的节能灯具，图中灯具选用了LED球泡灯并将其与台灯底座相结合，使得整体设计充满了艺术美感。

↑ 分区域设计照明

分区域选择针对性照明也是一种节能方式，既降低了空间的照明功率，也不会使空间显得太过灰暗；同时，应注意灯具要随空间需要调整位置，这样能有效降低照明功率。

4.舒适设计

艺术照明设计的舒适性在于营造符合人体舒适度的视觉光环境，照明所呈现的效果不会对人眼产生伤害，不会产生眩光。在艺术照明设计中，为了保护城市环境，照明设计必须注重防止光污染。

↑ 调整灯具外形

通过调整灯具外形与灯具材料以抑制眩光，尤其是重新改造传统灯罩是不错的选择。

↑ 注意避免眩光

艺术照明可以绚丽多彩，但不要太过耀眼，以免造成眩光，引起视觉不适。

↑ 选择合适的照明功率

设计时要考虑照明功率的变化；可选用LED艺术吊灯，它不仅能创造一种舒适的照明环境，照明功率也相对较低，整体光线比较柔和，能给人舒适的视觉感受。

二、艺术照明的功能

艺术照明是利用光的表现力对建筑空间进行艺术加工，以符合人们心理和生理上的要求，从而得到美的享受和心理平衡。优秀的灯光设计不仅能照亮空间，还能创造空间和烘托气氛。

1.提升空间品质

在现代照明设计中，可通过调整灯光秩序、节奏等手法，来增强空间的引导性。

↑室内艺术照明

↑鞋架艺术照明

↑艺术照明的趣味光影效果

艺术照明不仅直接影响室内环境气氛，对公众的生理和心理也会产生影响。此处商店艺术照明以红色搭配白色的灯光，整体形成对比，激发了公众的购买欲。

选用了LED发光灯管作为鞋架上的照明，与几何形式的鞋架形成搭配，既有效地将鞋子展示出来；同时，与鞋架也形成了有趣的光影，造就了十分巧妙的视觉效果。

通过灯具来控制投光角度和范围，从而建立新的光影构图以达到提升空间变幻效果的作用；还可通过运用人工光的扬抑、虚实、动静、隐现等来改善空间比例，增加空间层次感，提升空间品位。

2.装饰空间艺术

灯具的装饰作用通过与室内空间形、色、气质的有机结合，当灯光投射在室内的装饰结构或装饰材料上时，其丰富的光影效果能增加装饰结构或装饰材料美的韵律。

↑具备装饰性的灯具阴影

↑光与影结合

↑虚与实结合

富有艺术气息的灯具可以起到很好的装饰作用。例如，餐厅中可选择与碗、茶壶等类似的造型，既能很好地突出主题，又能更好地彰显空间的艺术特色。

将灯光与建筑相结合，可达到装饰空间的作用；灯光与被照射物之间的阴影能带来别具一格的视觉效果。

使用艺术照明可选择虚实结合的形式，以生活中常见的事物为设计原型，借用灯光对其进行装饰，既能赋予空间无限的趣味；同时，也能创造更丰富的空间环境。

3.渲染空间气氛

灯具造型与灯光色彩能有效烘托空间气氛；人工光源加上滤色片可以产生色光，营造丰富的空间环境，提升室内设计格调。为形成室内空间特定的视觉环境色彩，必须考虑室内环境中光源与环境的色光互动效果。

↑合理利用暖色调

暖色调能够表现出温暖、愉悦、华丽的气氛，为了创造更好的空间氛围，可以通过调整灯具的色差与色温来更好地进行照明设计。

↑冷暖结合的照明设计

冷光色能表现清爽、宁静、高雅的格调，可以将冷光色与暖光色有效结合，营造不一样的灯光效果，丰富空间的层次感。

↑空间氛围的营造

空间的氛围可通过灯具以及色光进行有效调节，所营造的氛围要符合空间设计主题；不同材质的灯具能营造不一样的空间感，如铁艺灯具能带来工业气息的空间氛围感。

4.提升空间立体感

通过光能充分表现出空间的立体感。例如，亮的房间感觉要大一点；暗的房间感觉要小一点；直接光能加强物体的阴影。在商店设计中为了突出新产品，可在重点展示区域使用亮度较高的重点照明，而相应削弱次要的部位，以此获得良好的艺术照明效果。

↑狭长空间照明

对于比较狭长的空间，暗藏的灯带会是很好的照明灯具，既能使整体空间比较明亮，也能有效增强空间的宽阔感。

↑特殊造型空间照明

带有穹顶的区域本身就具有很强的空间感；设计艺术照明时，可在穹顶上方安装发光顶棚，无形的漫射光会使空间更显辽阔。

↑不同类型照射物的照明

此处为摄影展的照明。由于陈列区的摄影作品是黑白的，为了营造不一样的质感，可选用轨道射灯作为摄影作品的重点照明，使陈列墙不仅只有摄影作品，还有作品所形成的光影。

↑照明提升空间立体感

在进行艺术照明设计时可让墙壁均匀着光。例如，为使全区域都充满均匀的光照效果，墙壁可选择浅色装饰物，如白色、浅蓝色或灰色等，以此来提升空间的立体感。

↑电视柜处艺术照明

电视柜不与地面相接，离地有一段空隙的设计，可将灯具隐藏放置于此，让柜体"飘浮"；从而形成间接灯光所投射出的光影，有效提升空间的立体感。

↑壁灯提升空间立体感

在空间内四个角落转角处装上壁灯，灯光向上下或左右两边的墙上打光，光线会比较均匀，且能照亮所有边界；空间立体感也有所提升。

↑反射式照明

反射式照明能够很好地提升空间立体感。这种艺术照明方式是指灯具照射天花板，借由反射光照亮空间；同时，将视线引导至顶棚方向，强调空间朝上方延伸的感觉。

三、艺术照明方式

艺术照明需要将照明方式与特定环境密切结合并融为一体，以便设计出适合各种空间的艺术处理形式。艺术照明还要充分理解空间的性质和特点，以营造契合的艺术空间。艺术照明可以分为一般照明、任务照明和重点照明。

1.一般照明

一般照明通常是指向某一特定区域提供整体照明。一般照明是照明设计中最基本的方式，它提供舒适的亮度，以确保人行走的安全性，保障人对物体的识别。可以采用花灯、壁灯、嵌入式灯具、轨道灯具，甚至可以采用户外灯具。

↑办公室过道照明

办公室一般照明可选用嵌入式筒灯和发光灯带，既能有效控制照明功率，也可为正常的行走、交流提供明亮的照明环境。

↑办公室洽谈区照明

铝扣板格栅灯方便更换；办公室还可选用扣板灯作为一般照明灯具，并且每间隔一个方格设置一个，使整体光照更加均匀。

Tips 照明协调原则

照明协调原则主要体现在灯饰与房间的整体风格要协调，同一房间的多种灯具，应保持色彩协调和款式协调。

2.任务照明

任务照明主要用来完成特定任务，如在书房的书桌上阅读、在洗衣间洗衣、在厨房里烹饪、在客厅看电视等。可以采用嵌入式灯具、轨道灯具、吸顶式灯具、移动式灯具等。

↑任务照明灯具的选用

任务照明要特别注意避免产生眩光和阴影，要注意对灯具亮度的控制；在达到任务所需的亮度时，要避免灯具因亮度太过耀眼而导致视觉疲劳。

↑任务照明光源的选择

任务照明能重点表现被照射体，多用于商业橱窗；甜品类的食品橱窗可选择暖色光源，珠宝类橱窗可选择冷色光源。

↑桌面任务照明灯具

桌面任务照明时只需要从近距离照射桌面即可，即使是光源不强时，也能得到充分的照度；灯具可选择具备一定艺术造型的灯，亮度适中且比较节能。

3.重点照明

重点照明是指对某一物体进行聚光照明。这种方式能突出明暗对比，给空间添加戏剧化效果。重点照明主要用来对绘画、照片、雕塑和其他装饰品进行照明，强调墙面或装饰面的肌理效果。

重点照明可以采用轨道灯具、嵌入式灯具或壁灯，重点照明的中心点所需的照度通常应为该区域周边环境照度的3倍。重点照明要注意与周边整体照明环境相协调，即使有明暗对比，也要控制好对比度，以免产生视觉不适。

↑ 厨房重点照明

厨房照明可选用内嵌式筒灯或灯管为厨房工作台面提供重点照明，能帮助使用者可以更安全、更便捷地从事厨房操作。

↑ 轨道射灯作为重点照明灯具

轨道式射灯可以为摄影作品提供重点照明，光照强度适中；可以重点突出摄影作品的主题以及内容，光线可以调节，为浏览和赏析提供足够的照明。

4.洗墙照明

洗墙照明是让照明灯光像水一样"洗过"墙面，可以用来烘托室内外装饰墙体，如商业大楼、酒店会所、桥梁和码头等。

用于洗墙照明的灯具称为洗墙灯，通过二次配光调整LED光源的双向发光角度来重新定义与设计投射距离和聚光均匀度。其照明功能着重于表现从线到面，立体化展现墙面外观效果，从出光效果上来看属于面状光。

↑ 专业洗墙灯

洗墙灯是在条形LED灯具的基础上提高照明功率的灯具，用于室外洗墙照明的灯具多为暖色，能在夜间形成醒目的光照效果。

↑ 桥梁建筑洗墙照明

桥梁建筑洗墙照明的目的在于提示桥梁的存在，保障通行安全；同时，能提升城市形象。室外建筑的洗墙照明多为独立的点光源灯具，经过多个独立光源组合后形成洗墙照明效果。

↑吊顶灯槽整体洗墙照明　　↑局部灯槽洗墙照明　　　↑展示洗墙照明

灯带安装在吊顶内，由于室内空间有限，吊顶灯槽不能设计过宽；否则，容易形成眩光。因此，吊顶灯槽整体洗墙照明的强度很弱。

灯带安装在墙体构造中，对局部内凹墙面进行照明，形成较强的局部灯槽洗墙照明效果。

博物馆中的空间较大，可以采用多角度射灯组合对展示墙面进行照明，洗墙照明效果较好。

> **Tips　灯光的表现方式**
>
> 　　灯光的表现方式主要包括点光、线光、面光、静止光、流动灯光等多种。点光是指灯具的投光范围小且集中在一个方向的光源；线光是将LED亮化光源通过设计，布置成长条形的光源带；面光是指建筑外墙立面、室内天棚等形成的放光面；静止光的灯具固定不动，光照静止不变，也不会出现闪烁的灯光；流动灯光具有丰富的艺术表现力，是舞台灯光和都市霓虹灯广告设计中常用的手段。

四、艺术照明原则与程序

1.美观性原则

　　艺术照明要能装饰和美化环境；同时，还要能够创造浓郁的艺术氛围。为了对空间进行装饰美化，提升空间层次感，渲染出丰富的空间气氛，可以选择造型美观的灯具来为空间提供照明。

↑餐厅艺术照明　　　　　　↑具备美感的灯具　　　　↑艺术灯具

餐厅的主题为"海洋馆"，收银台处选用了蓝色的LED灯具带，与店内的整体灯光相融合；同时，也给人一目了然的感觉，很切合主题，蓝色灯光美观性十足。

餐厅选用了悬挂式吊灯。该吊灯由球形玻璃灯罩和球泡灯组成，灯光通过玻璃灯罩反射，看起来就像灯罩里有两个球泡灯一样，颇具设计美感。

餐厅前台处选用了灯带与艺术挂件相结合的方式来照明，形状类似音符的灯带搭配内饰水彩画的鸡蛋壳，趣味十足，令人忍不住看了又看。

2.功能性原则

艺术照明还需符合功能性照明的要求。设计时可根据不同的场合、不同的空间、不同的照明对象，选择不同的照明方式和LED亮化照明灯具，并确保恰当的照度与亮度。

↑卧室艺术照明

卧室设有壁灯和内嵌筒灯，带有灯罩的壁灯造型美观；同时，光线比较柔和，为睡前的阅读行为提供了功能性照明。天花处的内嵌式筒灯，也以其足够的亮度为夜间行走提供了照明。

↑厨房艺术照明

厨房在清洗区域设有足够亮度的灯具，能够方便进行厨房的相关清洗工作；餐桌上方设有艺术吊灯，柔和的灯光提升食物的美感，增强了食欲；同时，艺术吊灯也是很好的装饰。

3.安全性原则

艺术照明要具备安全性。艺术照明设计的安全性原则主要体现在设计时要遵守相关的照明安全规范，不能造成光污染；灯具的安装位置与安装数量要多方考量，尽量避免眩光的产生。

↑住宅餐厅照明

餐厅选用艺术吊灯，吊灯的悬挂长度比较合适：不要悬挂过高，造成亮度不够，产生视觉疲劳；也不要悬挂过低，影响正常用餐。

↑餐厅照明

餐厅在每个座位上方都设置有吊灯，灯光从灯罩的间隙向四面八方发射，既为用餐、阅读提供了适合的照度；同时，也有效降低了光线的直射度，不会造成眼部不适。

4.经济性原则

艺术照明能为空间提供极好的装饰作用，但艺术照明同时也需注重经济性；设计要通过科学、合理的设计，以满足人们在视觉、审美和心理方面的需要，并使照明空间能够最大限度地体现实用价值和美观。

↑**住宅客厅照明**

客厅在顶面选用亮度较高的内嵌式筒灯作为整体照明；同时，沙发处也设置了造型美观的立灯作为补充照明。两种照明方式的有机结合，为客厅内的不同活动提供了足够照明。

↑**办公空间照明**

球形的吊灯外部罩有尼龙绳，整个灯具形似入网的篮球一般，艺术感十足；同时，吊灯选用磨砂柔光灯罩，光线柔和，与顶部嵌灯相配，相当节能。

本章小结

建筑空间千变万化，种类丰富，即使是同一空间，不同功能的分区也需要采用不同的照明方式，所要求的最终照度和要求也会有所不同。设计思路既要来源于生活，又必须高于生活。最终的照明设计作品应具备时代特色；同时，还需具备个性化与科学性，以利可持续发展。

第五章

采光设计

阅读难度： ★ ★ ★ ★ ★

重点概念： 自然采光、反射、折射

章节导读： 只有借助光线，我们才能更清晰地看到万物。在照明设计中，只强调照明并不能完全满足视觉需求，还应为环境空间提供尽量多的自然氛围，提升环境的舒适度；可将照明与采光相结合，并尽可能利用自然光或自然采光对建筑空间进行照明。

▶ 微信扫码 ◀

↑ 会议室采光与照明

当室内空间进深较大时，外部自然光无法通过有限的门窗投射到室内空间，需要灯光补充照明；照明与采光相结合，才能让室内空间的视觉环境更均衡。靠近门窗部位的会议桌区域，可以少量配置灯光；远离门窗的橱柜区域，则应当提升灯光照度。

第一节 | 自然光基础

自然光主要包括太阳直射光、天空漫射光、地面反射光。自然光来自于太阳辐射。当太阳辐射穿过地球大气层时，大气层会吸收并折射太阳光，从而形成天空漫射光。当光线投射到地球表面的物质上时，又会产生反射光。

自然光会引起光气候，即自然光的平均状况，包括自然光的照度变化、天空亮度、光在天空中的分布状况等。影响光气候的因素很多，且这些因素都处于不断变化的状态。例如，云就是影响光气候的主要因素。

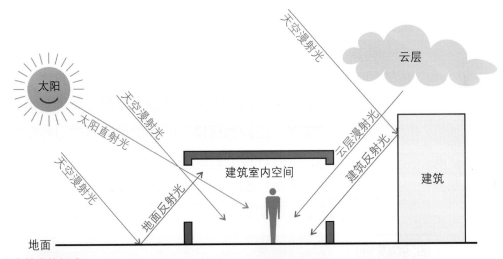

↑自然光的组成

太阳直射光形成的照度大，并具有一定方向，在被照射物体背后出现明显的阴影。天空漫射光是由太阳光经过大气层时大气中的空气分子、灰尘、水蒸气等微粒所产生的多次反射光，它在地面上形成的照度较小，没有一定方向，不能直接形成阴影。地面反射光是太阳直射光和天空漫射光射到地球表面后产生的反射光，并在地球表面与天空之间产生多次反射，使地球表面和天空的亮度增加。

第二节 | 自然采光设计

一、光与空间

光是建筑空间的灵魂。人对空间的感知和体验必须有光的参与，光为建筑空间带来了活力。光与空间一体化的关系倡导着光与空间双向互动的设计模式。

由于自然光在强度和质量上会随环境变化，这样就影响了光在空间中的用途。例如，博物馆采光要求非常严格，但在住宅客厅的采光要求则会比较灵活。

现代空间照明的类型多，应当将自然采光和人工照明有机结合，创造更丰富的照明效果。在空间设计中，利用的自然光主要分顶部采光与侧部采光两种，空间内的光源通过顶棚、窗户及门洞获得。顶部天窗垂直采光亮度约是侧面普通窗采光亮度的3倍，这种光源常见于建筑顶楼；侧面采光则一般通过靠墙开设的窗户射入室内。

↑ 根据地理位置选择采光

↑ 自然采光与人工照明结合

我国建筑以南北方向开窗居多，采光时间长，光源稳定，光线适中，可通过窗帘、帷幔等装饰物件来调节。而少数在东西方向开设窗户的房间，采光时间无法准确确定，光源变化多。在设计功能空间时，应重点考虑上述空间的采光特征。

室外的光线强度大致相当于室内靠窗区域光线强度的10倍，而室内靠窗区域的光线强度又大致是靠内侧区域光线强度的10倍。因此，在选择照明方式时，应当参考正常的日光采光方向与光线强度，将自然采光与人工照明相结合，降低白天与黑夜的照明差异。

在建筑室内引入自然光，白天可以节省能源，降低能耗。高纬度地区夏季和冬季自然光状况会有明显差异。在冬季日照水平较低时，需要在建筑物中最大化利用自然光，因此采光口朝向天空最佳；相反在热带地区，全年日照水平高，要限制进入建筑室内的自然光；为防止室内气温过高，应设置用于遮挡可见天空的区域。

采光设计的目的在于根据室内环境特点与要求，正确选择窗洞口形式，确定窗洞口面积、位置，使室内获得良好的光环境，保证生活、工作顺利进行。

二、建筑形体与采光

根据自然光的影响，可以将建筑形体与采光划分为线型建筑采光、集中型建筑采光、组合型建筑采光三种类型，涵盖了各种建筑空间中自然采光的设计特点。

1.线型建筑采光

影响线型建筑采光的要素主要是长宽比和朝向。当线型建筑的进深较小时，建筑可以完全通过侧面采光来满足室内照明。如果建筑的长轴方向为东西方向，可以通过室内采暖和制冷来获得良好的室内环境；如果建筑的长轴方向为南北方向，则建筑形式与东西方向运动的太阳之间就构成了对比关系。线型建筑的不同侧面均存在不同的自然采光机会。

2.集中型建筑采光

集中型建筑采光通常具有一个核心，建筑空间围绕该核心来组织。集中型建筑采光还具有内向性，且平面长宽比比较接近；插入门廊、采光井或庭院能减小集中型建筑采光的进深尺寸。在集中型建筑中，中庭起着很重要的作用，建筑外围空间则采用侧窗采光；同时，用顶窗来补充光线。中庭是解决大尺寸多层建筑设计天然采光的重要手段。

3.组合型建筑采光

组合型建筑采光由多种建筑空间构成，大面积建筑外立面有利于设计顶部采光或侧面采光。各个建筑形体和建筑侧翼之间的空间可用于邻近空间导入光线。组合型建筑采光一般由相互交叉的多个线型建筑采光布局组合而成；线型建筑进深较小，利于获得侧向采光，并创造出与周围景观的联系。

↑ 线型建筑采光

↑ 集中型建筑采光

↑ 组合型建筑采光

线型建筑造型最普通，如教学楼、宿舍楼等以紧凑型功能建筑为主；主要采光门窗全部朝南，采光时间较长，采光率高。

集中型建筑中设计有中庭，中庭侧面均设计高窗引入直射光线和漫射光线，反射到墙壁上，为门廊和邻近的空间创造出间接照明的采光效果。自然光设计能塑造出建筑形式和空间，帮助人们明确路径，形成采光效果各不相同的场所。

组合型建筑结合了线型建筑与集中型建筑的优势，既能大面积采光，还能通过围合的空间将自然光引入无直射光的室内。

三、采光口设计

采光口的形状、大小、辅助装置等都是采光设计的重要因素，主要从以下几个方面进行考虑。

1.朝向立面

分析建筑中不同朝向立面所接受的自然光，建筑东西方向立面接收到的太阳直射光较多，应限制开窗面积。

2.窗口角度

建筑物不同立面的窗口角度应考虑直射阳光在最极端时的入射角度，避免过量直射阳光进入室内。

↑办公楼室内空间朝向

办公楼中具有转角的房间最佳朝向为西北方向，这样白天的采光不会过于强烈，避免长时间直射影响办公效率。

↑博物馆过道采光

博物馆建筑外墙设计有封闭式过道，通过过道旁倾斜墙面的天窗进行采光；自然光射入后形成角度差，避免阳光直射至过道或展陈区。

3.遮阳装置

在立面上设置遮阳板，减少过多太阳直射光给建筑室内带来的热量，可根据邻近建筑的投射阴影和建筑立面开窗角度设置遮阳板。

4.立面开窗设计

在传统建筑立面的基础上重新设计立面开窗角度，遮阳板与建筑物之间的距离能产生阴影区，避免建筑在炎热夏季受到强烈太阳辐射。

↑建筑外墙遮阳板

建筑外墙设计遮阳板，在室内可以控制遮阳板的遮光角度与平移位置。

↑建筑外墙窗户立面造型

建筑立面窗户与外墙之间形成一定角度，并设计垂直固定的遮阳板造型，从不同角度来减弱入射太阳光。

四、自然光采光技术

通过自然采光技术能对自然光进行调节、控制。与人工照明技术不同，天然采光技术与建筑采光设计紧密结合，能降低能耗。

1.高技术玻璃

现代科技快速发展，产生了很多高技术玻璃，对光线透射方向能产生直接作用。

（1）光扩散玻璃。主要有磨砂玻璃、玻璃砖、彩釉玻璃等，能遮蔽部分自然光、降低热吸收量、避免眩光以及形成私密性。

（2）低辐射玻璃，又称为Low-E玻璃。在其玻璃表面镀上多层金属或其他化合物，是一种对远红外线有较高反射比的镀膜玻璃，能够发挥自然采光和隔热节能的双重功效。

↑磨砂玻璃隔断

磨砂玻璃为半透明状态，存在一定的眩光问题；玻璃表面所捕获的漫射光线可能造成室内光污染。

↑建筑外墙低辐射玻璃

低辐射玻璃适用于建筑玻璃幕墙，能有效减少冬季室内热量的流失，从而发挥节能、降耗作用。

（3）电致变色玻璃。电致变色是指材料的光学属性（透过率、反射率、吸收率等）在外加电场的作用下发生稳定、可逆的颜色变化现象；在外观上表现为可见光和颜色的可逆变化。具有电致变色性能的材料称为电致变色材料；采用电致变色材料制成的玻璃产品，称为电致变色玻璃。

↑电致变色玻璃

电致变色玻璃在通电后形成磨砂质地，具有透光不透形的效果，能让普通玻璃与磨砂玻璃之间相互切换。

↑透明状态

在透明状态下能获得室内外采光，适用于办公区、会议区等具有一定隐私性的空间分隔。

↑不透明状态

通电后为磨砂朦胧状态，起到阻隔视觉与采光的作用。

2.采光遮阳一体化技术

在采光设计中，我们都希望能将更多的温射光引入室内，这样就会与减少直射阳光进入室内的要求存在矛盾。因此，需要对自然采光和遮阳进行一体化设计。目前，中空玻璃是更佳的采光遮阳一体化材料。

在中空玻璃内安装遮阳百叶的玻璃窗，可以控制百叶的升降、翻叶等功能，能控制进入室内的光线和辐射热，满足隔热和室内采光的需求。例如，夏季白天有太阳辐射时，可以关闭百叶或将百叶调到一定角度，遮挡部分太阳辐射热进入室内；晚上则将百叶帘收起，可增加室内外冷热交换。冬季白天收拢百叶可以增加进入室内的太阳辐射热，晚上关闭百叶可以减少室内热量的散失，增加玻璃窗的保温效果。

↑ 中空玻璃内安装遮阳百叶帘

中空玻璃内置百叶高效、安全，不受明火燃烧；中空玻璃的构造独特，内置百叶帘后，具有良好的隔声效果。

↑ 半开百叶帘状态

通过合理调节内置百叶片状态，如半开百叶帘，可以调节室内照度，满足使用者的采光需要。

↑ 全开收缩百叶帘状态

百叶帘开启并向上收缩至顶部后，具有完全通透的采光功能。

3.导光技术

建筑室内中大进深空间内部或地下空间无法获得采光，需要采用设备将自然光间接导入内部空间。目前，常用的导光设备主要有反光镜、导光管以及光导纤维等。

（1）反光镜。能将太阳光反射到室内需要采光的地方，可提高侧窗采光的均匀度。但是，光污染有时较严重。

↑ 香港汇丰银行总部外立面

外立面以玻璃幕墙为主，能够善用天然光。

↑ 香港汇丰银行总部内部空间采光

这栋大楼引入了计算机控制的日光反射镜；在第12层南面的镜面，跟随着太阳的位置并将光线反射到中庭顶端的镜面天花板上，可对室内进行二次照明。

（2）导光管。 通过采集罩采集自然光后，经过导光管强化并传输，可由漫射装置将自然光均匀、高效地照射到室内需要光线的区域。通过多次反射能过滤红外线和紫外线，提供健康、环保的光环境，主要适用于有地下无窗空间。在导光管的基础上还可以加装定日镜，并将平面镜装在建筑屋顶或外墙上，平面镜能移动和旋转；当平面镜定位追踪太阳时，随时将最佳阳光通过导光管输送到室内区域。

↑导光管

导光管上部为有机玻璃（学名聚甲基丙烯酸甲酯，PMMA）等材料制成的透明采光罩；内壁为高反射率薄膜制成的导光管，搭配光线漫射器，多安装在建筑顶部或侧壁外部用于采光。

↑导光管照明

导光管目前主要适用于上部无实体建筑的地下或半地下车库、仓库等空旷室内空间采光。但是，受日光环境变化影响，不能作为办公、商业空间的主要采光方式。

第三节 | 窗洞口设计形式

为了获得自然采光，建筑外围结构上会设计有各种门窗洞口，可搭配各种玻璃；采光则主要可分为侧窗与天窗两种形式。部分建筑同时兼有侧窗和天窗，能进行混合采光。窗洞门不仅起采光作用；同时，还具备通风功能。

↑侧窗采光

侧窗采光最常见，是现代建筑外墙采光的首选；在住宅与商业空间中，以落地窗为主。

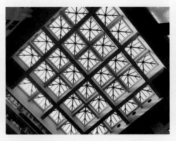

↑天窗采光

天窗适用于大型围合建筑中庭上方，如博物馆、酒店、办公楼；采光充分，能弥补大深度建筑内部采光不足。

↑混合采光

侧窗与天窗混合采光多用于别墅住宅。由于其采光量大，多设计为各种形式的遮阳帘来减弱采光。但是，其在阴天又能完全开启，可获得充裕的自然光。

一、侧窗

侧窗是在建筑空间墙体上开设的洞口，是最常见的采光构造之一。

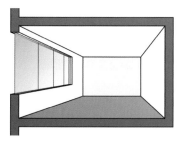

↑通长侧窗

通长侧窗采光面积大，对窗户框架质量要求高，适用于办公空间与商业空间。

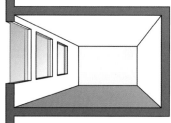

↑带窗间墙侧窗

带窗间墙侧窗能对窗户进行分开控制，方便安装窗帘或对室内空间进行分隔，适用于住宅、教室等独立性较强的空间。

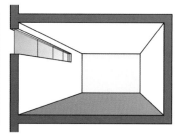

↑高位侧窗

高位侧窗注重隐私。为了获得方向集中的天然光，其常用于展览建筑，以争取更多的展出墙面；或用于厂房、仓库深处以提高照度。

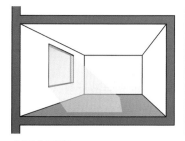

↑正方形窗

正方形窗采光量最高，照度比较均衡。

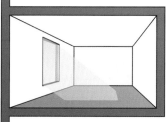

↑竖向矩形窗

竖向矩形窗采光量次之；照度在空间进深方向均匀性好，适用于窄而深的空间。

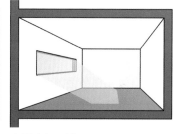

↑横向矩形窗

横向矩形窗采光量最小；照度在空间宽度方向较均匀，适用于宽而浅的空间。

二、天窗

天窗是在建筑空间顶部构造上开设的洞口，是位于建筑顶层的采光构造。

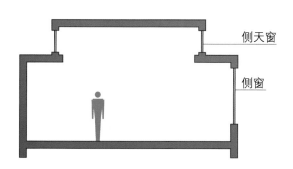

侧天窗

侧窗

←侧天窗

侧天窗的采光特性与高位侧窗相似，装在屋架上，具有较强的防水性能，适用于钢结构厂房建筑。

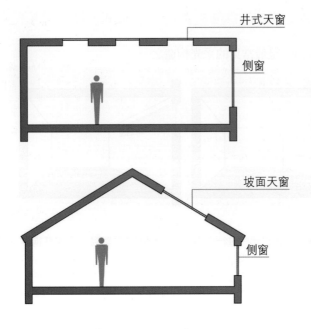

←井式天窗

井式天窗主要满足建筑空间通风，在建筑顶面构造上设置水平窗洞口；井口较小，起到通风的作用。这种构造对防水工艺要求较高，适用于混凝土浇筑建筑顶棚。

←坡面天窗

坡面天窗不但采光效率高且布置灵活，易于达到均匀的照度。主要用于坡屋面，或制成采光罩，可以适应不同顶面材料；要注意其防水施工。

第四节 | 材料反光与透光

自然光在传播过程中，遇到玻璃、空气、墙等介质时，部分入射光会被反射、吸收、透射，影响自然光的采光效果。因此，我们应对材料的反光与透光性质有所了解，根据采光设计需求来选择合适的材料。

↑透明玻璃窗

透明玻璃窗的透光率较高，适用于需要大面积采光的建筑外墙门窗或玻璃幕墙。

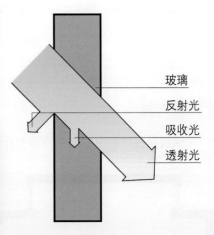

↑光的反射、吸收和透射

玻璃的反射光比例较小，约为8%；玻璃的吸收光比例约为3%；玻璃的透射光比例约为89%。

表5-1、表5-2分别列出了常用建筑材料的光反射值和光透射值，供采光设计时参考。

表5-1　常用建筑装饰材料的光反射值

材料名称		光反射值	材料名称		光反射值	材料名称		光反射值
石膏		0.86	陶瓷釉面砖	白色	0.82	胶合板		0.52
石灰粉刷		0.78		黄绿色	0.65	陶瓷玻化砖	白色	0.85
水泥砂浆抹面		0.35		粉色	0.75		浅蓝色	0.75
白水泥		0.76		天蓝色	0.62		浅咖啡色	0.63
白色乳胶漆		0.92		黑色	0.15		绿色	0.58
调和漆	米白色	0.78	无釉陶砖	土黄色	0.48	铝板	深咖啡色	0.35
	黄色	0.62		朱砂色	0.32		白色抛光	0.89
红砖		0.38	浅色彩色涂料		0.82		白色镜面	0.95
灰砖		0.32	不锈钢板		0.85		金色	0.66
大理石	白色	0.66	塑料装饰板	浅黄色木纹	0.47	沥青地面		0.18
	乳白色间绿色	0.42		中黄色木纹	0.42	钢板地面		0.12
	红色	0.38		深棕色木纹	0.25	镀膜玻璃	金色	0.28
	黑色	0.12	塑料壁纸	黄白色	0.75		银色	0.42
水磨石	白色	0.72		蓝白色	0.68		宝石蓝色	0.22
	灰色	0.37		浅粉白色	0.79		宝石绿色	0.42
	绿色	0.52	烤漆地板		0.22		茶色	0.33
	黑灰色	0.12	菱苦土地面		0.12	彩色钢板	红色	0.35
普通玻璃		0.08	混凝土地面		0.20		深咖啡色	0.27

注：上限值为1，表示完全反光；下限值为0，表示完全不反光。

表5-2　常用建筑装饰材料的光透射值

材料名称	颜色	厚度/mm	光透射值
普通玻璃	无	5	0.89
钢化玻璃	无	10	0.82

续表

材料名称	颜色	厚度/mm	光透射值
磨砂玻璃	无	5	0.72
压花玻璃	无	5	0.65
夹丝玻璃	无	8	0.74
夹层安全玻璃	无	8+8	0.78
双层隔热玻璃	无	5+9+5	0.72
吸热玻璃	浅蓝	8	0.55
有机玻璃	无	3	0.92
乳白有机玻璃	乳白	3	0.45
聚苯乙烯板	无	3	0.82
聚碳酸酯板	无	3	0.85
镀膜玻璃	金色	5	0.22
	银色	5	0.28
	宝石蓝色	5	0.32
	宝石绿色	5	0.25
	茶色	5	0.24

注：上限值为1，表示完全透光；下限值为0，表示完全不透光。

第五节 | 天然采光设计案例解析

一、整理设计要求

为了解天然采光设计的空间区域，应明确空间的使用功能，并对现场尺寸进行测量。《建筑采光设计标准》（GB 50033—2013）提供了各类建筑采光标准值，如住宅建筑、教育建筑、医疗建筑、博物馆和工业建筑等，可供参考。

首先确定是否允许直射阳光进入室内空间，同时考虑直射阳光可能引起的眩光和高温。在了解空间对采光设计要求时，对于照度要求高的区域应设计在窗口附近，要求不高的区域则应远离窗口。还应综合考虑采暖、通风等因素与门窗洞口的关系；考察周边环境，并分析周围建筑物、构筑物、树木、山丘的高度与间距等。

二、确定门窗洞口

根据室内空间的朝向、尺寸、周边环境，选择适合的门窗洞口形式。例如，在进深大的房间，可以采用长侧窗，考虑用天窗来解决中间跨采光不足。

侧窗多设计在朝向南北的侧墙上，建造方便，造价低廉，维护使用方便；当采光不足时，再用天窗补充。根据室内空间的剖面形式，确定天窗的位置与尺寸；根据功能需求确定门窗的高、宽尺寸，并综合考虑通风、日照、美观等要求。

三、住宅天然采光

以下列出一批有代表性的室内住宅采光案例图片，并分析天然采光设计方法。

↑采光充裕的玄关

玄关一般以轻快、柔和的采光为主。但是，落地玻璃门窗面积过大会造成采光过剩，选用白色透光窗帘可将直射光变为漫射光，以调节玄关采光效果。如果到了夜间，较高的内空会显得顶部灯光不足，则可以通过壁灯辅助照明，提升整个空间的照明效果。

↑扩大玄关门洞

如果玄关采光不足，可以考虑扩大开门面积，拓展开门空间；可设计固定落地窗，与大门相配合能获得更多的采光。

↑客厅采光的柔和感

客厅采光源自于窗户。但是，开窗面积不大会影响采光效果，这时可以在顶面设计灯带以实现长期照明，辅助自然光形成柔和的室内照明效果。

↑沙发背后开窗采光

如果热爱阅读，可以将沙发摆放在窗户旁，获得完美体验；同时，也能营造比较好的光影效果。

Tips 采光照明控制系统

为了提高照明效率，需要对自然采光与电源照明进行综合运用。自然光控制多采用漫射窗帘或百叶窗，可通过倾斜、转动，控制水平、垂直的片层引入自然光。计算机采光控制系统是利用太阳位置数据来控制百叶窗倾斜角度，实现对室内外空间整体照明的控制；通过控制器可以根据使用需求控制灯具，从而降低能耗。采用智能联动照明控制系统后，靠窗侧的灯具能节电35%左右。

↑餐厅横向采光

餐厅横向采光是指餐桌长边与采光门窗墙面平行，自然光能均匀洒落在餐桌上，但有时会被餐桌旁的人遮挡。因此，餐桌上应当补充灯光，为餐厅照明提供比较柔和的光线。

↑餐厅纵向采光

餐厅纵向采光是指餐桌短边与采光门窗墙面平行，光照投射距离有限。因此，还需要补光照明；与门窗对应的墙面或家具可选用浅色来形成反光，这样能使餐厅达到照度统一，显示出洁净感。

↑餐厅深度采光

餐厅与采光门窗之间距离较远，除了补足灯光照明外，还可以在餐厅墙面安装玻璃镜面，形成反光效果；同时，还可选择可伸缩的自由调节灯具，灯具的灯罩可选择红色或其他鲜艳的色彩，降低玻璃镜面的灰度色调。

↑卧室采光与照明结合的氛围

卧室设计应尽量少使用全局照明，借用封闭后的阳台采光已经足够了；在空间的色彩选择上要以暖色为主，灯具光源的选择也应以暖光为主，既能很好地与空间搭配，也能营造出安静、优雅的空间。

↑卧室灯光对自然光的补足

卧室梳妆台布置在窗户旁，能充分利用自然光；同时，设置一套可调节灯光的吊灯以方便日常化妆；在衣柜上安装射灯，可方便自然采光不足时拿取衣物。

↑纱帘缓解视觉疲劳

书房照明应当提供合适的亮度；窗户采用双层窗帘，主要用纱帘来分散光线，内设书柜中的灯光与日光形成呼应。所有光源以漫射性光源为主，可以避免视觉疲劳。

↑百叶帘调节照明

书房采用宽百叶帘，能调节采光，可以根据需要开启百叶帘的角度；在书桌处设置带有灯罩的台灯，光线比较柔和，补足自然采光不足。

↑无窗卫生间采光

面积较小的卫生间如果没有采光，可以设计全玻璃隔断，将整个卫生间设计通透，能获得来自远处窗户的采光。

四、博物馆天然采光

以下列出一些有代表性的博物馆采光案例，并分析天然采光设计方法。

1.地方综合博物馆中庭采光

地方综合博物馆设计时希望在表现地方特色的基础上，设计造型应当显得更加大众化。因此，在采光设计中注重引入科技感，设计成中庭圆形玻璃顶棚，覆盖放射性褶皱幕帘；通过计算机控制天然采光的照度，让室内保持均衡的光照效果。

（a）中庭楼梯间造型
中庭采光要求明亮通透，楼层围栏墙面与地面均为白色，能形成良好的反光。

（b）中庭顶棚
直射阳光在楼梯间墙面上形成放射状光斑，具有强烈的装饰效果。

（c）玻璃顶棚与遮光帘
智能化采光控制系统是在传统幕帘的基础上安装了电动机与采光感应计算机，能根据太阳光、天空漫射光的光照强度与方向，控制幕帘的开启与闭合。

↑地方综合博物馆中庭采光

（d）楼梯间外墙造型
楼梯间外墙采用条形塑木型材，具有代表性的木质纹理反映了当地民俗特色。

（e）楼梯间栏杆与采光
直射阳光投射到楼梯间栏杆上，照亮楼梯踏步，形成不锈钢栏杆投影，表现出强烈的现代感与机械感。

2.军舰博物馆主厅采光

军舰形体硕大，在室内展厅需要充分利用自然采光，才能让观众仔细观摩。建筑周边采用大面积倾斜玻璃幕墙，为了控制照度，避免阳光对军舰外壳涂料造成破坏，采用金属穿孔百叶帘控制光照，根据气候与季节变化控制开与关。

（b）自然采光下的军舰
上午太阳光从东面照射进来，下午太阳光从西面照射进来，届时分别开启部分百叶扇，形成强烈的光斑。

（c）金属百叶窗扇
铝合金穿孔百叶扇由机械控制，根据需要开启部分窗扇，保持通风。

（a）主展厅空间
西面采光为主，能运用强烈的暖色日照衬托环境氛围。

（d）主展厅顶棚
主展厅顶棚西面墙为玻璃幕墙结构，设置金属百叶扇；夕阳照射时，表现出军舰历史感。

（e）楼梯采光
钢结构楼梯位于窗旁，采光充足，观众上、下行走方便。

↑军舰博物馆主厅采光

3.汽车博物馆采光

以大体量展品为主的汽车博物馆大都会采用自然采光，能为后期增加展品预留展示空间。汽车的展示重点在于精细的机械构造，需要充足的采光才能让观众感受到令人惊叹的机械美。

（a）窗旁展区
所有车辆布置在展厅周边玻璃幕墙处，最大限度地接受日光照射；为了避免眩光，玻璃幕墙内侧安装了透光纱织卷帘，能将强烈的阳光变得柔和。

（b）内部展区
内部展区顶面与地面均采用白色，能将建筑外围的自然光引入内部空间，供内部车辆展示照明；顶面上的灯光仅作为自然光辅助照明。

（c）中庭电梯间
中庭电梯间采用全透光钢化玻璃，能接受来自建筑室外的自然光，内部仅辅助少量灯光照明即可。

（d）中庭采光
中庭采光完全依赖建筑外部钢化玻璃幕墙，内部辅助局部灯光。

（e）中庭采光
汽车沿着玻璃幕墙陈列，保持间距，采光充分，极大节省了照明电能。

↑汽车博物馆采光

本章小结

本章详细介绍了自然采光设计方法，强化了将自然光引入室内的技巧。通过分析自然光的光照特征，列出了建筑装饰材料的光反射值与光透射值，可供采光设计参考。最后通过真实案例，分析住宅空间与公共空间自然采光的设计方法，指出自然采光与室内灯光照明之间的微妙关系，并在保证照明效果的基础上力求节省电能。

第六章

家居住宅照明
设计全解

阅读难度：★ ☆ ☆ ☆ ☆

重点概念：功能区、漫反射、灯具、光源

章节导读：家是温暖的港湾，设计时应营造出其舒适的室内环境和照明氛围。住宅照明设计强调柔和光效，注重节能环保理念，灯具设计与装修构造应紧密结合。现代住宅空间照明设计既要有实用与使用价值；同时，还需具备装饰作用。

▶ 微信扫码 ◀

↑ 客厅装饰画照明

住宅客厅中的挂画、艺术挂件、小摆件等装饰物，可以采用带灯杯的低压卤钨射灯进行重点照明，亮度适中即可。

第一节 | 住宅功能区照明设计

一、玄关照明

　　玄关是入户的第一个功能分区，这个区域内放有鞋柜，面积较大的玄关还会放置鱼缸。玄关照明设计要考虑灯具安装的位置与灯具照度。玄关照明设计追求的是进入住宅室内的第一印象，故多采用漫射照明或全局照明，要突出玄关重点。

　　由于大部分玄关是没有窗户的，因而照明仅借助于人工灯光。在设计时，要精选灯具的色温，且需充分考虑照明的功能性。

↑玄关灯具的选择

↑玄关漫反射照明

↑玄关照明要考虑功能性

玄关照明要求明亮不刺眼，灯具可以考虑安置在入户处和深入室内的交界处，这样可有效避免在脸上出现阴影。此外，还可将灯具安置在玄关内的鞋柜上方或墙上，这样能使玄关更显宽阔。

玄关采用漫反射照明时可将灯具安装在墙面上，用以照射局部墙面或某个装饰物件，如花瓶；还可选择造型美观的吊灯，利用灯具对光进行漫反射，以此达到照亮并装饰室内空间的目的。

在玄关处安装人体感应灯具，便于日常使用；可选择筒灯或轨道射灯来提升收纳或艺术品展示区的局部照明，形成焦点，达到引人注目的视觉效果。

二、客厅照明

　　客厅是人流量较多的功能分区，不同的活动又有不同的照明要求。交流与洽谈活动可以选择一般照明，阅读和工作则可以选择任务照明，客厅展示艺术品可以选择重点照明来突出艺术品的风格与特色。

　　不同大小的客厅所需的照度也不一样。一般客厅都具备采光通道，除了白天自然采光外，夜晚主要依靠灯光来营造客厅的照明，主要选择色温在3000～4500K的灯具，既能保持客厅的清爽和通透；同时，也不会造成眩光。

↑客厅组合式照明

将各种灯光配合使用可以满足各种室内活动需求；客厅的照明可充分利用间接光源制造柔和的光线；应当结合室内结构，善用落地灯与射灯等进行局部照明，为客厅营造出更具魅力的光影层次。

↑客厅植物照明

对于客厅中的植物，除了可以采用顶面照明外，还可以采用背光照明，能产生戏剧化的剪影照明效果；同时，应注意不要产生眩光。

↑客厅照明要具备设计感

灯具可以带来不一样的视觉效果，在客厅中可以设置造型独特、灯光柔和的落地灯；这样的照明设计能使客厅显得更有现代感和设计感。

↑层高较高客厅的照明

空间较大且层高较高、设计比较复杂的吊顶客厅，除了一般照明灯具外，还可选择壁灯、台灯、射灯等来对客厅边角进行辅助照明。

三、餐厅照明

在进行餐厅照明设计时需要注意艺术性和功能性的统一，应将一般照明、任务照明、重点照明相互结合以满足就餐需求。灯光的组合方式也需要根据功能进行适当调整，如吃正餐、简单的家庭聚会、家务活动等。在餐厅中，为满足所需的水平照度，吊灯往往是首选。

吊灯安装在餐桌正上方，既能提供足够照度，又能作为装饰组件，提升整体装修的美感。墙壁灯具是餐厅照明的配角，可以采用壁灯来对墙面进行单独照明，也可以沿墙安装嵌入筒灯对展品进行照明。餐厅照明光源应选用显色性较好、向下照射的灯具，以暖色调灯光为宜，避免使用冷色调灯光。暖色调灯光能起到促进食欲的功效。

↑光线柔和的餐厅照明

餐厅选用带有玻璃灯罩的艺术吊灯，能为就餐环境提供足够的亮度；同时，也提升了餐厅美感，光线通过玻璃灯罩反射后比较柔和。

↑餐厅照明亮度的选择

餐厅中的亮度不要太高，由于主要活动是以用餐为主。

↑餐厅灯具的选择

餐厅照明应突出食物魅力，促进食欲；同时，所选灯具要尽量与餐桌、餐具的色彩相协调。

四、卧室照明

卧室是休息和睡眠的地方，需要营造宁静休闲的氛围；同时，需用局部明亮的灯光来满足阅读和其他活动的需求。卧室可以采用一般照明和重点照明相结合的方法进行灯光布置。

↑卧室内的重点照明

此处卧室两边设有台灯，台灯光线从灯罩的缝隙中投射出来，比较柔和；床头上方还设有内嵌式筒灯，为床头上方的装饰画提供了重点照明。

↑卧室内的局部照明和一般照明

此处卧室在床的两边设有艺术壁灯，吊顶处的灯带为卧室提供了一般照明，内嵌式的筒灯和立灯为卧室其他区域提供了局部照明。

卧室可充分利用自然采光，可将其与人工采光相结合，并要考虑窗户的大小、位置、阳光直射方位等对采光的影响。卧室中的照明光线不宜太强，色温应当控制为3200～4000K；要调节好不同照明方式之间的关系。

卧室的照明还宜考虑多功能需求，以暖光为主；灯光不宜过亮，太过强烈的光线不仅影响人的视力；同时，也会使神经系统过于兴奋，导致失眠。

↑照明要避免眩光

为避免眩光，应当在卧室多采用间接照明；可在家具中设置暗藏灯带，配合台灯，通过将光线反射的形式来获得所需的柔和灯光。

↑照明要考虑安全性

空间宽敞的卧室可以在床头柜下方设置层板灯，以便其能照射到地板附近的地面和墙壁，保证夜间起床行走的安全。

五、书房照明

书房照明需要营造柔和的氛围感，避免产生强烈的对比和干扰性眩光；同时，还需要提供任务照明以满足阅读和书写要求，可考虑给奖品和照片等有纪念意义的物品提供一些重点照明。

书桌配置一套可调整的台灯，能给桌面和计算机键盘区域提供额外照明；但应注意灯光不能直接照射计算机屏幕，避免反射眩光和产生阴影。在放置台灯时，应考虑左、右手的操作习惯，即将灯具放置在书写手的另一侧。例如，右手书写时，就应将灯光放置在人的左侧。书房的挂画及装饰物应有局部重点照明，灯具一般选用嵌入式可调方向的射灯或轨道射灯。

↑书房照明

书房书桌与书架为一个整体；在书桌上方设置LED灯具，既能为阅读和书写提供照明，又节省了空间。

↑灯具要选择正确的安装位置

书房内的灯具应避免安装在座位后方，这种安装方式会使阴影加大，影响视觉效果；可以在顶棚安装均匀排列的一字形灯具或嵌灯，或安装造型简单的吸顶灯，这样既能保证基础照明，又能有效避免眩光。

↑照明还需烘托书房气氛

书房照明除了需要提供全局和环境光照明外，还要设计能够烘托气氛的照明；可以选择设置小型立式台灯来提升书房的文学氛围。

六、厨房照明

厨房是住宅空间内的主要工作区域，其照明设计主要考虑功能性，厨房的照度比其他区域要求高。在厨房单一使用顶面灯具会造成人影，可在局部加装工作照明作为补充；可在洗涤处和案板上方的吊柜下，采用一套单独带有外罩的LED日光灯，这样能为厨房提供充足的工作照明。

↑无窗厨房照明

考虑厨房油烟、水汽较重的特点，并结合现在常用的铝扣板吊顶，采用嵌入式防雾筒灯或吸顶灯，能方便清洁并提高灯具的使用寿命。

↑有窗厨房照明

厨房内的吸油烟机都会单独配备照明设备，因此在灶台处可不加装照明灯具，但在切菜区仍需设置重点照明灯具。

↑ 厨房灯具选择

厨房应选择易清洁的灯具。例如，由玻璃或铝制品制作的灯具，灯具光源应与餐厅光源的显色一致或近似。

↑ 厨房灯具应以白光为主

厨房内的大部分工作必须长时间集中精力，应当选择以白光为主的灯具，既能为厨房内工作提供充足的亮度，也能使厨房显得干净、明亮。

七、卫生间照明

卫生间是洗发、化妆、洗澡等活动的区域，因此需要柔和、无阴影的照明。在面积小的浴室里，可利用镜前灯通过镜面反射光来照亮整个空间；在面积大的浴室，可依靠顶面灯具提供照明。

在布置镜前灯时，应当保持灯具的高度在视平线位置，以减少眼睫毛、鼻子和脸颊等处产生的阴影。在淋浴处和浴缸的上方可采用取暖光源（浴霸），它既能照明，又能取暖。照明灯具需具备一定的防水性和相当高的安全性。

↑ 卫生间镜前灯照明

布置卫生间的镜前灯可采用左右对称的灯光进行照明，以保证使用者面庞左右光线均匀。

↑ 卫生间防雾灯具

卫生间灯具要注意防潮；多采用带有灯罩的防雾灯具，光源应具有良好显色性，光源的色温要求为2800～3500K。

↑ 大卫生间的照明

空间较大的卫生间可以选择多种灯光搭配。例如，可以选择壁灯和射灯相搭配；也可选择在镜框内或镜子下方设置光源，以达到烘托卫生间气氛的目的。

↑ 照明要满足化妆需要

由于卫生间内可能会有化妆活动，因此还需选择显色指数较高的灯具，如暖色系的LED壁灯等。

八、楼梯、走廊照明

楼梯多出现在复式住宅中。楼梯照明与走廊照明都需要具备比较高的亮度，而狭长的走廊和宽阔的走廊对照明的要求又会有所不同。

↑楼梯地脚灯

楼梯可以设置阶梯状灯光，可在台阶处设置地脚灯，以增强空间的装饰效果；同时，也能达到安全照明的目的。

↑楼梯壁灯

在楼梯墙面处安装上、下照射式壁灯，能为楼梯与扶手提供良好的照明；可选择节能性和安全性都较高的LED灯具，比较经济、环保。

↑走廊简洁照明

住宅空间的走廊照明不可太过复杂，一般以吸顶灯、嵌灯或造型简单的吊灯为主。

↑走廊吊灯照明

住宅空间的走廊照明在设计时要考虑吊灯设置的高度和灯具的亮度，如高空间设置吊灯时应使其照明下端距地面1900mm以上。

第二节 照明设计细节

照明设计要考虑到方方面面，细节决定照明质量的好坏，设计应统筹全局。

一、选择合适的灯具

不同的灯具产生的阴影与视觉效果会有所不同，应依据不同空间结构、设计风格来选择不同的灯具；而为了更好突出墙面质感，在设计照明时可视情况选择投射灯、壁灯、嵌灯等，并以直接照明或间接照明的方式来达到照明效果。

↑注意墙面材质与照明之间的关系

为得到更均匀的照度，设计时应该避免选择具有反光效果的面材或墙面材质，以哑光面材为宜。

↑注意墙面色彩与灯光之间的关系

墙面的色彩会影响灯光呈现的亮度，发光顶棚的照明效果应均匀。但是，亮色或浅色墙面会产生反光，深色墙面具有比较强的吸光性。因此，要依据墙面色彩调整灯光的亮度。

★照明答疑解惑

问：灯具如何清洁？

答：灯具清洁前必须关闭电源，灯泡、灯管、电线采用微湿抹布轻拭，灯身金属部分需用吹风机先将表面灰尘清除，再进行擦洗。一般灯具每隔半年清洁一次。如果灯具表面落尘太多，也可每月清洁。灯具清洁时不可使用腐蚀性过高的清洁液。

二、确保照明的安全性

　　住宅照明的安全性主要表现在用电安全与灯具温升方面。设计时，应确定安装的灯具与电压相符。由于灯具安装过密，容易导致灯具升温过快，设计时必须控制好两盏灯具之间的距离，以免灯具内温度过高，影响使用寿命。

↑照明的安全性

照明设计时需保证灯具与热源之间的安全距离，一般应与热源保持至少1000mm以上距离；灯具周围不可设置易燃物品，不可将纸张直接覆盖于灯具上，以免灯具过热导致火灾的发生。

三、照明要能提升空间感

照明设计能提升住宅的空间感。例如，可以通过设置墙角，搭配光洁的墙面材质，使墙面有灯光的反射效果，利用光感来达到放大空间的目的。尤其是面积较小的空间，更需要照明来驱散黑暗，缓解压抑空间带来的局促感。

↑照明的作用

为了在视觉上扩大空间，可以设计浅色墙面，并安装多处台灯与立柱灯，使其能均匀着光；还可在空间内安装筒灯。这些照明方式都能提升空间感。

四、儿童房照明的特殊处理

儿童房照明尤其要考虑安全，不仅包括照明用电安全，还包括灯光效果安全。照明设计时，可从灯具本体材质、防护设计与周边环境等进行统筹考虑。

↑灯具灯罩的选择

儿童房灯罩与灯身都应选择不易脆裂的材质，以免因灯具不小心摔落，割伤儿童。

↑灯具安全距离

年龄4～5岁的儿童，安装灯具时应该保持安全距离；应避免儿童直接触碰到灯具，发生触电。

↑照明灯具造型设计

儿童房灯具要具有一定趣味性，造型可以是动物、云彩等；桌面灯具灯身不可有锐利边角，以免割伤儿童。

↑照明灯具要避开易燃物

儿童房内灯具，应远离毛绒玩具、抱枕、纸张等，以免因灯具过热而导致火灾。

第三节 │ 住宅照明案例解析

照明的细节决定照明质量的好坏，设计时应统筹全局。

一、白色与光的结合

照明器具：吊灯-LED（27W/3500K）；
灯具材质：亚克力＋金属；
灯具参考价格：286元。

照明器具：吊灯-LED（55W/4000K）；
灯具材质：瓷质灯体；
灯具参考价格：560元。

↑ 艺术吊灯为家增添更多的艺术感

客厅和餐厅整体墙面均为素净的白色，白色的鹿角吊灯和圆筒吊灯为客厅、餐厅提供了舒适的照度；同时，鹿角吊灯与墙面麋鹿装饰画相搭配，圆筒吊灯的灯光则照射于光滑的桌面，正好映衬出红花绿叶的光影，整个空间十分协调。

照明器具：壁灯-LED
（11W/3500K）；
灯具材质：玻璃＋金属；
灯具参考价格：98元。

照明器具：吸顶灯-LED
（30W/5000K）；
灯具材质：亚克力；
灯具参考价格：180元。

照明器具：台灯-LED
（9W/3500K）；
灯具材质：原木＋亚克力；
灯具参考价格：155元。

↑ 主次分明的灯光营造舒适的气氛

↑ 桌面台灯为墙面画增光添彩

卧室主灯选用有一定深度的吸顶灯，既保证了照明，又缓解了因空间过低带来的压抑感；床头旁的金属壁灯为晚间阅读提供了合适的照度，裸露在外的灯泡也赋予了卧室一定的设计感。空间氛围既能助眠；同时，也不会显得过于单调。

客厅除鹿角吊灯作为基础照明外，还于沙发桌面处设计有白色台灯，台灯投射到墙面的反射光为墙面装饰画提供了间接照明；同时，台灯的主光还能为沙发上的阅读提供足够的照度。

二、用创意改变生活

照明器具：吊灯-LED球泡灯
（60W/4500K）；
灯具材质：玻璃；
灯具参考价格：420元。

照明器具：吊灯-LED
（27W/3500K）；
灯具材质：玻璃；
灯具参考价格：110元。

↑玻璃主灯营造和谐的会客区

全透明玻璃主灯的照射范围囊括四面八方，下射的光线经过光滑的烤漆玻璃长桌反射，使得整个会客区明亮而又舒适。

↑八字造型吊灯营造趣味感

八字全透明吊灯造型创意十足；两个吊灯对称分布于餐桌两侧，在为用餐提供照明的同时也能有效烘托气氛。

照明器具：台灯-LED
（11W/3500K）；
灯具材质：金属＋布料；
灯具参考价格：185元。

照明器具：吊灯-LED
（27W/5000K）；
灯具材质：原木＋亚克力＋铁丝；
灯具参考价格：235元。

照明器具：嵌灯-LED
（25W/4800K）；
灯具材质：原木＋布料；
灯具参考价格：160元。

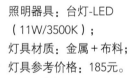

↑台灯和吊灯的完美结合

木质灯罩遮挡了吊灯的部分光源，使其照度能够符合卧室的要求；同时，布艺台灯也为晚间阅读提供了补充照明。

↑灯具与空间结构的结合

嵌灯设计于书房横梁下，有效提高了空间利用率；同时，嵌灯外罩为长方形灯罩，避免了眩光的产生，灯罩彩色的流光也为书房增色不少。

三、多样性与统一性

照明器具：内嵌式射灯-LED（3W/3800K）；
灯具材质：铝；
灯具参考价格：26元。

↑ 自由调节的光线营造轻松的氛围

内嵌式射灯照射的光线比较容易自由调节，足够的照度十分适合于小型客厅，既能带来明亮感，也不会太过耀眼而使人不适。

照明器具：吊灯-LED（33W/4000K）；
灯具材质：亚克力＋铁；
灯具参考价格：120元。

照明器具：层板灯-T5灯管（10W/5500K）；
灯具材质：玻璃；
灯具参考价格：25元/m。

照明器具：壁灯-LED（15W/4000K）；
灯具材质：金属；
灯具参考价格：86元；
灯具参考价格：25元/m。

↑ 具有合适高度的吊灯才能创造适合的照明

小餐厅所需的照度不是很高，悬挂型吊灯无疑是最佳的选择；吊灯与餐桌之间的高度间距恰当、得体，营造更加愉快的用餐环境。

↑ 合适的区域设置适合的灯具

卫生间储物层板下方设置有层板灯，为日常洗漱活动提供了便利，梳妆镜上方设置有金属壁灯，方便洗漱后的化妆工作。

四、组合设计更显照明魅力

照明器具：嵌灯-LED
（3W/4500K）；
灯具材质：铝；
灯具参考价格：28元。

照明器具：吊灯-LED
（30W/4000K）；
灯具材质：铝；
灯具参考价格：180元。

照明器具：壁灯-LED
（12W/4500K）；
灯具材质：金属；
灯具参考价格：80元。

照明器具：层板灯-T5
灯管（10W/5500K）；
灯具材质：玻璃；
灯具参考价格：25元/m。

↑多种灯具营造明亮、大气的空间

有序排列于白色顶棚的嵌灯；白色的吊灯和黑色的金属壁灯，看似杂乱却又十分和谐地搭配在一起，越发显得空间宽阔、明亮。

↑暖暖的灯光照亮学海之旅

暖色系的层板灯搭配散发着柔和光线的金属壁灯；阅读、工作轻松愉快，顶棚的嵌灯也为书架上的艺术陈设品提供了专属照明。

照明器具：层板灯-
T5灯管（10W/3500K）；
灯具材质：玻璃；
灯具参考价格：25元/m。

照明器具：壁灯-LED
（12W/3500K）；
灯具材质：金属+亚克力；
灯具参考价格：145元。

照明器具：内嵌式筒
灯-LED（7W/5000K）；
灯具材质：铝；
灯具参考价格：36元。

照明器具：壁灯-LED
球泡灯（15W/4500K）；
灯具材质：玻璃+金属；
灯具参考价格：28元。

↑突出重点的才是好的照明设计

酒柜的层板灯依据照射对象的不同设计有不同色温，吧台上的壁灯也很好地渲染了气氛。

↑安全照明很重要

在厨房备料区和烹饪区使用嵌灯作为重点照明的灯具，一方面节省空间，另一方面嵌灯的灯具效率比较高，适合在小厨房内使用。

↑合适照度才能缓解压抑情绪

层板灯和嵌灯的结合为卫生间的照明提供了合适的照度；墙边的壁灯柔和而美好，不由得让人放松下来，只待洗漱后进入香甜的梦乡。

五、适当的照度体现艺术感

照明器具：落地灯-E27护眼
节能灯（27W/4500K）；
灯具材质：金属＋布料；
灯具参考价格：350元。

照明器具：吊灯-LED
（55W/3500K）；
灯具材质：玻璃；
灯具参考价格：540元。

照明器具：机械臂台灯-E27
护眼节能灯（27W/4500K）；
灯具材质：铝；
灯具参考价格：385元。

↑灯光突出材质特色，彰显家居魅力

吊顶上的嵌灯射向墙体两侧，空间内的家具被灯
光包围，棉麻沙发、皮质躺椅、木质茶几等，越
发显得有质感。落地灯和艺术吊灯则为空间带来
无限的美感和艺术感。

↑多功能台灯为书写"保驾护航"

机械臂台灯可以调节照射高度和照射方向，能为
书写和阅读提供多变和合适的照明；同时，台灯
采用的是护眼光源，不会轻易产生视觉疲劳。

照明器具：嵌灯-LED
（5W/3500K）；
灯具材质：铝；
灯具参考价格：36元。

照明器具：嵌入式顶棚
灯-LED（13W/5000K）；
灯具材质：PVC；
灯具参考价格：80元。

↑自然光与人工光的高效结合

书房具有满墙的窗户，采光充足，不占据空间的
嵌灯是照明首选；合适的间距使得嵌灯充分发挥
了自身的照明作用，窗外的自然光也为整个空间
的照明提供了不少助力。

↑厨房主灯的重要性

嵌入式顶棚灯作为厨房主灯，是整个厨房的中心
光源，它为厨房内的一切工作提供了基础照明；
同时，光线不会太刺眼，不会轻易产生眩光。

六、巧用射灯为空间增彩

照明器具：轨道射
灯-LED（27W/4500K）；
灯具材质：铝；
灯具参考价格：275元。

照明器具：嵌灯-LED
（7W/5000K）；
灯具材质：铝；
灯具参考价格：46元。

照明器具：吊灯-LED
（18W/4000K）；
灯具材质：金属；
灯具参考价格：135元。

照明器具：层板灯-T5
灯管（10W/4000K）；
灯具材质：玻璃；
灯具参考价格：25元/m。

↑明亮的客厅能给予更好的享受

射灯带来自由的光线，嵌灯同时起到补充照明的作用，结合窗外洋洋洒洒的春光，更加突出客厅的大气与亮堂；同时，明亮的空间也能给予使用者舒适的感受。

↑暖光带来更舒适的睡眠体验

对于小卧室而言，灯光不需要太亮，无论是双人床右侧的立灯还是左侧的吊灯，抑或是床板上方的层板灯，均是以暖光源为主，舒适而自然。

七、合理布置光源

照明器具：嵌灯-螺旋灯
泡（26W/3500K）；
灯具材质：铝+玻璃；
灯具参考价格：152元。

照明器具：立灯-LED
（35W/4000K）；
灯具材质：铁；
灯具参考价格：520元。

照明器具：层板灯-T5灯
管（10W/4000K）；
灯具材质：玻璃；
灯具参考价格：25元/m。

照明器具：吊灯-LED
（18W/3500K）；
灯具材质：玻璃；
灯具参考价格：115元。

↑顶棚嵌灯的合理间距造就更合适的客厅环境

顶棚每隔150～200mm设置对称的4个嵌灯；沙发旁曲线造型的立灯具备浓郁的设计感，在为客厅提供照明的同时也能提升整个客厅的观赏性。

↑磨砂玻璃与灯具的相互映衬

卧室地面敷设有木地板，床边铺贴高为550mm的木板；木板上方的层板灯与顶棚的层板灯相对，光线柔和而不失明亮感。床头上方的两盏吊灯垂挂于磨砂玻璃上，灯光经过玻璃反射后，提供卧室更适合睡眠的光线。

照明器具：层板灯-T5灯管
（10W/4000K）；
灯具材质：玻璃；
灯具参考价格：25元/m。

照明器具：吊灯-LED
（21W/3500K）；
灯具材质：金属；
灯具参考价格：156元。

照明器具：壁挂射灯-LED
（15W/3800K）；
灯具材质：铝；
灯具参考价格：112元。

↑安全、舒适的照明才是走廊的首选

卫生间外部顶棚的层板灯采用下照模式，配合走廊上方顶棚的嵌灯，既具备明亮的照明，为夜间行走提供安全保障；同时，柔和的灯光缓解了视觉压力，是更适合狭长走廊的照明方式。

↑灯具与家具的协调、统一

餐厅吊灯为光滑、反光的金属外罩，餐桌桌角和餐椅同样为金属色；同时，地面瓷砖的色系也属于深色系，三者在色彩上协调、统一；当吊灯开启时，必定会带来满满的科技感。

↑点光源为阳台工作提供更多的创意

纯灰色墙面，黑色的插座面板，配上白色的射灯，黑、白、灰的经典搭配使得小小的阳台工作间更具特色；同时，呈现三足鼎立之势的射灯在各个方向为阳台工作提供了充分照明。

八、根据空间大小选择照度

照明器具：嵌灯-LED（3W/4000K）；
灯具材质：铝；
灯具参考价格：26元。

照明器具：台灯-LED（27W/3500K）；
灯具材质：玻璃＋布料；
灯具参考价格：156元。

↑分布均匀的点光源照亮大空间的每一处

分布均匀的嵌灯犹如棋盘上的棋子，在宏观上给予空间明亮的照度，但在微观上又会有所改变；嵌灯四射的光线相互交融，照射在墙面上、地面上，经过玻璃、金属等反射后，使光线得到升华，从而创造出更适合使用者的照明环境。

照明器具：台灯-LED
（27W/3500K）；
灯具材质：玻璃＋布料；
灯具参考价格：156元。

照明器具：嵌灯-LED
（3W/3500K）；
灯具材质：铝；
灯具参考价格：26元。

照明器具：层板灯-T5灯管
（10W/3500K）；
灯具材质：玻璃；
灯具参考价格：25元/m。

↑大卧室应选择更多的光源

↑小空间的灯光要避免眩光

面积较大的卧室为了保证活动的安全性，通常会选择组合光源；卧室内有三盏上下照射的台灯，光线不会轻易产生眩光，适合夜间使用；同时，顶部还设置有嵌灯和层板灯，充分保证了照明。

榻榻米式书房空高较低，面积较小，本身就不适合选择吊灯等悬挂式灯具；节能LED层板灯可以成为其选择的对象，但必须要控制好照度的选择；否则，极易产生眩光，影响使用者。

本章小结

　　住宅照明应当对功能分区进行设计，每个空间所需的照度是不同的；客厅、过道采光好，灯光照明照度较低；室内照明时大部分空间以暖色为主，卫生间、厨房以冷色为主，暖色为辅。照明还需结合居住者的个性需求，以便能有效突出照明设计氛围。

第七章

办公与文化展示空间照明设计全解

阅读难度： ★★☆☆☆

重点概念： 工作区、展示、色温、照度、信息传达

章节导读： 办公与文化展示空间主要包括办公区（室）、博物馆、书店等空间，照明时要以人为本，以物为本，灯光不可太过刺眼，区域内的灯光还要能展陈物品。办公室多为白天使用，以自然采光为主；博物馆照明则更多采用人工照明，书店照明可将二者相结合。应充分了解区域内部空间结构，结合照明对象选择恰当的照明方式。

▶ 微信扫码 ◀

↑ 书店展示照明

图书展示主要在于封面与体积感，通常以集中性灯光照明为主，能重点照明图书表面形态，形成棱角分明的体积感；每个局部空间都要有照明指向。

第一节 办公区照明

一、分区域重点照明

办公区或办公空间要为职员提供简洁、明亮的工作环境，满足办公、交流、思考、会议等工作需要；可选择一般照明与重点照明相结合的方式。注意不可将灯具布置于工作位置的正前方，以免产生阴影和眩光，影响工作。办公空间具体功能分区的照明设计细节可参考表7-1。

表7-1 办公空间具体功能分区的照明设计细节

办公空间	图例	功能	照明设计细节
前台		迎宾，突出企业魅力与文化内涵	结合企业文化和定位进行设计，配备较高的亮度，选择金卤筒灯作为基础照明；同时，利用翻转式射灯或轨道射灯对前台的背景形象墙与企业LOGO（标志或标识）重点照明，以此突出企业形象，展示企业实力
集体办公区域		日常办公、沟通、会议	照明应以均匀性、舒适性为设计原则，布灯应统一间距；同时，可结合地面功能区选择对应的灯具进行重点部分的重点照明；工作台照明可采用格栅灯盘，使工作空间能获得均匀光线，在集体办公区域通道内应采用节能筒灯为通道补充照明
单间办公室		部门经理日常工作、会客、小型会议	照明应注重功能性，选择防眩光的筒灯或漫射格栅灯，结合空间装饰来提升室内氛围；采用合适亮度的射灯来提升墙面的立体照明，营造舒适的办公环境
接待室		洽谈会客等	照明要营造舒适、轻松、友好的气氛，可选择显色性较好的筒灯，以柔和亮度为宜；同时，要注意对立面企业文化或海报进行重点照明
会议室		培训、会议、谈判、会客、视频展示等	照明应根据不同功能需要进行灵活改变，应能看清楚与会者的面部表情，避免不合适的阴影和明暗对比；可利用射灯对墙立面进行洗墙照明，使用上下照射的壁灯或射灯进行间接照明；可选择照度适宜的悬挂型吊灯

续表

办公空间	图例	功能	照明设计细节
工位区		记录与书写、工作交流、小型会议等	照明可选择统一间距分布的嵌灯，应照度合适；还可额外增设台灯
通道		通行	结合顶棚的高度和结构，选择隐藏式灯具照明或节能筒灯照明

　　目前大部分办公照明设计倡导以自然采光为主、人工照明为辅的照明方式。这种照明方式不仅可以有效降低照明成本；同时，也利于创造绿色、节能、舒适的办公环境。

↑照明要均衡

办公空间的照明要考虑全面；设计时，要考虑所选光源的色温以及显色性；办公空间的整体亮度还需均衡，这样才能创造出舒适、安全的办公环境。

↑合理选择照明方式

良好的光环境得益于足够的照度、分布均匀的光线以及合适的灯具和照明方式；多媒体会议室可使用可调光的半间接照明灯具，以便实现不同的照明场景需求。

↑合适的照度

办公空间对于兼有一般照明与局部照明的工作区域，其照度不应小于200lx。

↑明暗对比要合适

合适的明暗对比才不会造成人眼疲劳；对于两个相邻的工位区域，且为较低区域的照度应不小于150lx。

视频会议室照明

为了减少灯光造成的面部阴影，会议桌可以选择浅色桌面或桌布，这样可以有效防止反光；同时，会议室内还需单独设计背景墙，可选择米色或灰色；不建议使用大幅的装饰画，这会影响视频会议室内的摄像效果。

↑办公区域LED灯具

办公区域照明的灯具要具备安全性；购买时要确保其符合国家标准且已通过3C认证；应考虑灯具的节能和环保要求，选择寿命长且灯具效率高的灯具。

↑设计均匀的照明光线

办公空间的照明要注意灯具的合理分配，以便能使照度更均匀，照度为500~1000lx即可；注意办公空间内最大、最小照度与平均照度之差应小于平均照度的25%。

二、避免眩光

眩光一般包括直接眩光和反射眩光。直接眩光是指裸露光源或自然光直射人眼后，导致引起视觉不舒适和降低物体可见度的光线；反射眩光则是指通过显示器、桌面、窗户玻璃等反射材料，间接反射到人眼的不舒适光线。直接眩光可从光源的亮度、背景亮度以及与灯具的安装位置等因素来有效避免；反射眩光则可选择发光表面面积大、亮度低的灯具来有效避免。

↑调整空间亮度比

合适的亮度比能有效减少眩光产生；可选择提升周边环境的亮度来调节空间亮度比，从而得到适中的光线。

↑灯具的合理运用

利用白色的格栅灯或亮度较低的灯具进行间接照明，并辅以壁灯等补充照明，这样形成的亮度也会比较均衡。

三、注重墙面和顶棚照明

墙面和顶棚的合理照明能够营造更具创造性和舒适性的工作环境。在进行照明设计时，要处理好墙面与顶棚灯光之间的明暗对比，顶棚与墙面的亮度比不宜过大，以免产生过多重叠阴影，影响职员工作。

↑ 墙面与顶棚的色彩要搭配

↑ 顶棚照明

不同色彩在灯光下呈现的视觉效果不同；为使墙面与顶棚的亮度差别不会太大，在设计时墙面色彩与顶棚色彩应属同一色系，也可在墙面安装射灯来给予墙面更多的光线。

办公空间层高不同，所需顶棚照明灯具也不相同，灯具安装高度也会有所变化；层高较高的空间，可安装亮度较高的吊灯，层高较低的空间适合吸顶灯或墙面射灯来为整个空间提供照明。

四、选择合适的反射材料

照明光线经过办公空间内反射材料反射后，光线会被吸收一部分；经过不同反射材料后，其最终所呈现的照明效果也会不一样，亮色表面比暗色表面反射率要高。在进行照明设计时，应依据照明需求选择合适的反射材料。

↑ 办公顶棚材料的选择

↑ 注意光线的分配

办公区域选择白色且粗糙的顶棚材料；顶棚材料的光线反射率不得小于80%，能有效提高空间照明的均匀度并有效避免反射眩光。

在反射材料统一的情况下，为获得更好的照明效果，需要设置多种光源来平衡照度，并以此为基础合理分配人工光与自然光的比例。

五、均匀的光照

　　均匀的光照是避免眩光较好的办法。每一种灯具都具备特殊的出光特性，应避免重叠阴影。应运用好明暗对比鲜明的图形，并注意处理好重点照明与一般照明之间的关系。

↑ 运用洗墙灯照明

洗墙灯要注意控制好灯具的亮度、灯具与灯具间的距离，以免因灯具过近而形成杂乱的光斑，从而导致眩光。

↑ 运用面板灯照明

选择发光均匀的面板灯作为办公区域的主要照明，保证空间内能够具有均匀的照度，且灯具与环境看起来也更加洁净、和谐。

六、办公区照明案例解析

1.在灯光中重获工作激情

照明器具：嵌灯-T5灯管（10W/4000K）；
灯具材质：玻璃；
灯具参考价格：25元/m。

照明器具：吸顶灯-LED（100W/5000K）；
灯具材质：铝；
灯具参考价格：780元。

照明器具：吊灯-LED（45W/3500K）；
灯具材质：亚克力；
灯具参考价格：280元。

照明器具：嵌灯-LED（12W/4000K）；
灯具材质：铝；
灯具参考价格：76元。

↑ 前台照明考虑全面

前台造型设计为弧形。为了保证各角落均有光照，选择了弧度较大的椭圆形灯具；在格栅吊顶上还设计有内嵌型的筒灯，为大厅照明提供了足够照度。

↑ 暖光和煦的休息等候区

办公空间的休息等候区照度在50lx以上即可；选用了带有灯罩的半圆形灯具，整体偏暖光，适宜休憩；圆形灯具周边的筒灯为等候时的阅读提供了适宜的亮度。

照明器具：T5灯管
（10W/4000K）；
灯具材质：铝；
灯具参考价格：25元/m。

照明器具：嵌灯-LED
（35W/5000K）；
灯具材质：铝；
灯具参考价格：95元。

照明器具：吊灯-LED
（36W/4500K）；
灯具材质：玻璃＋铝；
灯具参考价格：120元。

↑灯光与区域内的主体色调相配

↑集中照明适合开放式会议区

开放式的工作区自由度较高。休息区位于工作区旁边，区域内主体色彩为红色，与工作区的橙色搭配；环绕在休息区四周的暖色灯带为交流提供了间接照明，顶部吊灯提供了恰当的直接照明；灯光的交融使得休息区的氛围更显融洽。

开放式的会议区参与人数较多。采取集中照明能够更好地照亮每个人，会议桌上方设置有长条形的LED吊灯，色温在4500K左右，为团队间的文案集中交流提供了基础照明。其周边配备有适量的筒灯，为行走以及收取资料提供了适当的辅助照明。

2.照明要能缓解视觉疲劳

照明器具：吊灯-LED
（36W/5500K）；
灯具材质：玻璃＋金属；
灯具参考价格：165元。

照明器具：落地灯-LED
（36W/5500K）；
灯具材质：金属；
灯具参考价格：360元。

照明器具：层板灯-T5灯管（10W/4000K）；
灯具材质：玻璃；
灯具参考价格：25元/m。

照明器具：吊灯-LED
（27W/4000K）；
灯具材质：金属；
灯具参考价格：112元。

↑合适的照明灯具才能更好地提高工作效率

↑直接照明与间接照明相融合营造休息区

不同的照明灯具会带来不同的照明体验；工作区内均匀分布的嵌灯为室内提供一般照明，悬挂型吊灯为日常会议提供直接照明，内嵌式书柜旁的落地灯则提供补充照明。

沙发背景墙上设置有上照式的层板灯作为间接照明；圆椅之上又设置有黑色的艺术吊灯作为休息交谈区的直接照明，可为休息区提供柔和且舒适的灯光，对于营造安静、闲适的休憩氛围很有帮助。

照明器具：层板灯-T5灯管
（10W/4000K）；
灯具材质：玻璃；
灯具参考价格：25元/m。

照明器具：落地灯-LED
（36W/5500K）；
灯具材质：金属；
灯具参考价格：360元。

照明器具：墙角灯-LED
（27W/4500K）；
灯具材质：玻璃；
灯具参考价格：88元。

↑ 均匀分布的光源

↑ 上照的灯光照亮前行的路

灯具均衡分布才能避免大量光源聚集后产生的杂乱；走廊每隔一定距离设置一个落地灯，保证了行走的流畅和安全；同时，斜坡屋顶下的工作区均匀分布层板灯，为工作提供了基础照明。

楼梯照明是办公空间中比较重要的部分。木质楼梯在每一级台阶上都设置墙角灯，保证了上下楼梯的安全；同时，区域内绿植旁也设置了地灯，突出空间的自然感。

第二节 | 博物馆照明

　　博物馆是陈列、典藏、研究和征集自然与人类文化遗产实物的场所。博物馆照明最重要的是展示展品特色；同时，照明还需能够保护展品，并提高展品的观赏性。

一、提升展品照明的艺术性

　　分类、分区域选择合适的色温，能使博物馆展品更具观赏性。

1.展品照明

　　博物馆的照明首先要能保护展品，减少光线辐射对展品的影响；同时，应选择合适的照明方式，提升展品的真实感。博物馆照明主要采用自然光和人工光相结合的方式来实现照明。但应控制好自然光的照射量，避免过多的红外线和紫外线辐射，导致展品老化。

　　博物馆中材质不同的展品，对于光源的照度、色温、显色性等都会有不同要求。但都应需要注意避免眩光，这样才能有效彰显展品的文化魅力。

↑ 纸质类展品照明

书画作品适合选用低色温的光源进行照明；油画适合选用高色温的光源进行照明，高色温光源能突出油画的色泽与画面的层次感。

↑ 金银类展品照明

由于金银类展品对光的敏感度不高，因而可以选择较高的照度。为了更好表现出金银的质感，可以适度保留反射眩光，为观众营造出金光闪闪的视觉效果。

↑ 陶瓷类展品照明

陶瓷类展品表面光滑，且多釉面；灯光在陶瓷展品表面反射后，能提高整个空间亮度；可选择色温为3500～4000K的冷光源来表现陶瓷展品的洁净与透亮。

↑ 丝织类展品照明

博物馆中的丝织类展品对光的敏感度较高，且为了真实反映出丝织品的特色，需要选择显色指数较高的灯具，能更好表现丝织品的色彩与质感。

↑ 工艺类展品照明

工艺类展品如皮革、象牙等材质，照度要控制在600lx之内；照明要能表现出这类展品的材质与精巧的造型，并增强观赏性。

↑ 青铜器类展品照明

青铜器类展品的照度要不大于400lx。由于青铜器展品的质地较厚重，照明要能表现出青铜器的表面纹理与表面的细节纹饰等，增强其艺术美感。

根据展品存在形式的不同，可将展品分为平面展品和立面展品，这两类展品的照明方式有所不同。平面展品的尺寸较小，照明多采用单个轨道射灯。立面展品多为雕塑，一般会选择前后多角度照射，以便能突出立面展品的立体感和表面纹理。

↑ 平面展品照明

平面展品的照明要根据展品大小进行设计；所选定的灯具要安装在合适的位置，控制好灯光角度；一般应与竖直方向呈30°夹角，这样能避免反射眩光和过多的阴影。

↑ 立面展品照明

立面展品的照明要选择合适的主光和背光；应确定好重点照明的照射方向；可以适当降低亮度，获得合适的明暗对比，这样也能突出立面展品的雕刻工艺。

↑ 大型立面展品照明

体积较大的立面展品在设计照明时应重点展现展品的形态特征，可以选择多种灯具从立面展品的两侧和上方进行照射，以使光线在展品表面形成明暗错落有致的视觉效果。

↑ 用于展品照明的自然光

用于展品照明的自然光线必须要采用非直射光，这样能够减少光线的辐射，让展品形成立体的展示效果。

↑ 展品照明

对光的敏感度不高的展品可以使用非直射的自然光照明，但要注意控制其曝光量；而对光敏感度高的展品则严格要求不可使用未经处理的自然光线进行照明。

博物馆展品对光敏感度与照度推荐值可参考表7-2。

表7-2　博物馆展品对光敏感度与照度推荐值

对光敏感度	图例	展品类型	照度推荐值/lx
不敏感		金属、石材、陶瓷、玻璃等	≤300
较敏感		竹器、木器、藤器、漆器、骨器、天然皮革、壁画、动物角制品以及动物标本等	≤180
敏感		纸质书画、纺织品、印刷品、染色皮革等	≤50

2.展柜照明

博物馆展柜一般可分为独立柜、通柜、坡面柜、低平柜。其中，使用频率较高的是独立柜。博物馆展柜由于尺寸大小不同，灯具的安装高度也会有所不同，一般多在展柜上方设置灯具。

博物馆展柜的灯具由于距离展品较近，在设计照明时要控制好光源的光束角和强度；同时，照度不宜太大。展柜的配灯可以选择能够自动调焦的射灯，以更好实现精准投光。

↑ 低平柜照明

博物馆内低平柜照明可直接选择在柜外照明，要控制好布灯位置；可在展柜正上方布灯，这样可避免产生大量反射光；可选择较小角度的轨道灯。

↑ 独立柜照明

独立柜照明可选择柜外照明，也可选择柜内照明；应注意避免周边物品造成的二次反射眩光，一般多选择轨道射灯进行展柜照明。

Tips 展柜照明注意事项

　　博物馆展柜照明时要注意做好散热处理，展柜内光源热量如果不能得到有效散发，会影响展品品质与最终观赏效果。此外，展柜应多采用内藏光，即观赏者不应直接看到展柜中的光源，而且灯光也不应在展柜的玻璃面上产生反射眩光。

3.陈列区照明

　　博物馆陈列区照明应考虑灯光的显色性、光源的色温、眩光的控制、室内氛围的营造等。此外，陈列区照明还要注意灯光的明暗对比，展品与其背景亮度比不宜大于3：1；而且，在陈列区入口处，灯光还应区别于其他区域以满足观者的视觉要求。

↑ 陈列区照明显色性

陈列区内照明显色性可参考展品对显色性的度量，即显色指数（R_a）的要求：显色性要求高的，显色指数大于90；显色性要求一般的，显色指数也要大于80。

↑ 陈列区照明色温

为了更好地突出展品的材质和色彩，陈列区的照明色温一般会小于3300K。

二、展示照明设计技巧

博物馆照明既要为观众提供舒适的观赏环境；同时，还要展现博物馆的价值。

↑博物馆照明

博物馆照明要控制好明暗对比度，可适量采用重点照明，以提供更好的视觉体验。

↑博物馆灯具调整

博物馆照明要调整好灯具的安装位置与照射方向，应避免阴影重叠，影响最终的观赏效果。

↑博物馆灯具投光方向

博物馆内灯具的投光方向要与展品的光影明暗方向保持一致，这样可以避免形成重叠阴影，可加深观者的参与感。

博物馆照明应考虑展板对光线的影响，一般多选择反射弱的材料制作展板；同时，馆内还应保持均匀的照度，并从细节上回避眩光。博物馆照明要统筹全局，优质照明需结合博物馆自身的建筑结构与馆内的陈设设计。灯具的调试和选择对于创造博物馆照明环境十分重要。

↑博物馆内照度比

博物馆内高度小于2400mm的平面展示区，最低照度与平均照度比值不应小于0.6；高度大于2400mm的平面展示区，最低照度与平均照度比值不应小于0.4。

↑博物馆内反射比

博物馆内墙面宜选择中性色和无光泽的饰面，材质反射比不大于0.5；地面宜选择无光泽的饰面，材质反射比不大于0.4；顶棚宜选择无光泽的饰面，材质反射比不大于0.7。

↑眩光控制

博物馆内要控制眩光。首先应考虑展柜玻璃板对灯光的反射，其次应考虑油画或表面有光泽的展品对灯光的反射；控制好这两种反射，即可很好地避免眩光的产生。

↑ 博物馆展品照明

博物馆内的藏品照明多选择照度为100～150lx的光源；考虑到展品的曝光时间，不能将展品长时间暴露在强光下。

↑ 博物馆照明照度要与色温相匹配

高照度环境多搭配高色温光源，低照度环境搭配低色温光源；这样也能更好地显现展品的纹理，并提升展品的真实性。

↑ 博物馆灯具遮光角范围

博物馆内的照明灯具要控制好遮光角范围，一般不小于30°；可选择隐光灯具，并配备相应的防眩配件。

三、博物馆照明案例解析

照明器具：嵌灯-LED（21W/5500K）；
灯具材质：铝；
灯具参考价格：42元。

照明器具：软膜顶棚-LED（65W/5500K）；
灯具材质：聚氯乙烯膜；
灯具参考价格：160元/m²。

照明器具：轨道射灯-LED（21W/4000K）；
灯具材质：铝；
灯具参考价格：78元。

↑ 组合式光源创造更明亮的展示空间

全发光顶棚照明是展示空间比较常用的方式，搭配下照式嵌灯，能保证整体空间的照度。

↑ 富有年代感的展品选择低色温照明

博物馆内大型机器设备要避免光学辐射。此处选用了光线比较柔和的LED灯具，数量较少，在提供展品基础照明时能营造出一种年代感，增强观众的参与感。

照明器具：微型射灯
（3W/4500K）；
灯具材质：金属；
灯具参考价格：16元。

照明器具：上下照射壁
灯-LED（36W/5000K）；
灯具材质：金属；
灯具参考价格：350元。

↑ 不同色温造就更有层次感的照明

↑ 多种光源的色温要均衡

在同一展示区展示两种展品，照明要分别设计。展品背景选用了垂直下照的方式，通过光线照度和亮度的对比突出展品。

采用嵌入式洗墙照明。选用内嵌式筒灯以及可上下照射的壁灯作为照明灯具，将光线均匀地投射到墙面，提升了展示空间整体的照度；三类灯具的色温均为4000~4500K。

照明器具：嵌灯-LED
（21W/5500K）；
灯具材质：铝；
灯具参考价格：42元。

照明器具：嵌灯-LED
（21W/4000K）；
灯具材质：铝；
灯具参考价格：78元。

照明器具：导轨射灯-LED
（27W/5000K）；
灯具材质：铝；
灯具参考价格：98元。

↑ 利用反射材质获得更好的照明环境

↑ 均匀分布的射灯体现书画陈设的美感

反射式照明主要通过具备漫反射特性的材质将光源隐藏，再使光线投射到反射面。这里充分利用了顶部独特的造型，搭配自然光和顶棚周边的射灯，将灯光通过三角玻璃板反射，营造舒适的照明环境。

导轨投光照明是在天花吊顶或者在其上部空间吊装、架设导轨射灯的一种照明方式，适用于均匀排列展品的区域。

第三节 | 书店照明

　　良好的书店照明除了能为读者营造安静的阅读环境外，还能够放松读者心情，并提供良好的购书和购物环境。

一、统一照明

1.展示区照明

　　书店内的展示区主要可以分为书架展示区、平铺展示区以及特色展示区；展示区内的照明多为一般照明与重点照明相结合的方式。应注意控制好灯具的间距，避免灯具升温过快。

　　平铺展示区多陈列当季畅销的书籍，部分书店会选择具有代表性的书籍进行平铺展示。一般多选择重点照明的方式以突出书籍特色，应注意控制眩光以及照明与周边环境的协调。

　　特色展示区主要用于展示书店内的可售卖商品，如明信片、小件雕塑以及部分插画等，多选择集中式照明。为了渲染该区域的气氛，一般会选择具备装饰性的吊灯来提供照明。

↑获得均匀的照度

平铺展示区照明会在展示中心处设置灯具；也可在展示区域上方设置分布均匀的嵌入或顶棚灯，以便获得更均匀的照度。

↑集中照明以突出书籍

重点照明可以突出被照物品；可以在平铺展示区设置分辨率较高的照明，并选用光束集中的灯具。

↑特色展示区照明

特色展示区会选择造型不一的展示架。为了获得均匀的亮度，避免眩光的产生，除去顶部的照明外，还可选择层板灯来提供任务照明。

↑特色展示区照明与材质

特色展示区的照明要考虑展示对象的材质。例如，金属类摆件反射率较高，灯光要避免直接照射。

2.通道照明

　　书店通道除提供基本的行走空间外，部分通道还会成为读者的阅读区。因此，书店通道照明要具备较高的亮度。一般多选择内嵌式筒灯提供照明，注意控制好灯具的间距。

↑照明要注重安全

书店日常人流量较大，店内通道照明要注重安全，应配备应急照明系统。由于书店通道一般空高较高，可选择射灯以直接照明书架。

↑楼梯通道照明

书店楼梯通道的照明主要可选择墙面壁灯或层板灯作为照明灯具。注意转角处的灯光夹角不宜过小，以免照度不足，导致踩空。

↑台阶通道照明

台阶通道可为书店提供自然分区；可选择墙角灯作为照明灯具，既能为行走和此处的阅读提供合适的照度，也不会与店内其他区域照明产生冲突。

3.销售区照明

书店内的销售区主要分为消费区和结账区。消费区的照明要突出商品色泽、材质以及标价；结账区照明则要能激发书店职员的工作激情，并能营造一种轻松的氛围，促进交易的达成。

↑销售区要具备好的显色性

销售区为促成交易的达成，照明一般需要选择显色指数（R_a）较高的光源，显色指数通常不应小于100；同时，光源色温要控制在3000K以上，以便能更好激发读者的购物欲望。

↑销售区要选择高色光

销售区照明为了促进消费和提升书店的阅读氛围，应当选择高色光。

↑销售区照明

书店销售区不宜选择色温过低的光源，可选择暖色光源来提高职员的工作热情；暖色光源也能营造温馨的室内气氛，激发读者的购物欲望。

二、照明设计要有条理

1.灯具

书店的灯具是店内陈设的一部分，其造型和色彩要能与店内装饰风格相统一。应明确灯具的安装高度与书店空高之间的平衡关系，不可安装过低或过高，一切应参考实际情况。

↑灯具安装高度

灯具安装越高越利于避免眩光，且有利于光线的均匀扩散，但应注意因安装高度过高而导致明显的光衰。

↑书店灯具

要为大面积书架提供柔和、平均的照度；一般选择宽光束灯具，这样也可避免阴影的重叠。

↑照明环境的营造

为营造舒适的照明环境，必须要避免眩光。书店的照明为了获得均匀的照度，应尽可能隐藏灯具。

2.被照物

书店照明中的被照物是书籍和待售商品，应考虑被照物的材质：越光滑的材质，反光率越高。但是，光源直接照射到反射率较高的被照面时，会造成眩光。这种眩光会严重影响阅读体验，空间的视觉美感也会大大降低。

↑被照物与显色性

由于光滑的被照物扩散的光线不均匀，容易产生刺眼的光芒，因而应尽量避免强光直接照明。

↑选择合适的照射方向

光线经过不同材质的被照物时会产生折射，而折射后的光线处理不当会导致眩光的产生。为了避免这种现象，书店照明应控制好光线的照射方向。

3.阴影

光与影是共同存在的。在书店的照明设计中，不可避免地会出现阴影，巧妙地利用好阴影可使室内环境设计获得更多的创意。

↑控制阴影

为了充分发挥阴影的作用，要将阴影尽量控制在不影响读者购买、阅读的区域，如墙角、地面等。

↑阴影的作用

黑白分明的阴影可以扩大书店的空间感；同时，不同比例的阴影组合也能提升书店照明的趣味性和层次感。

↑阴影突出主题

灯光照射处一般是公众视觉的中心；阴影与灯光组成的明暗对比，能够更好地突出书店照明主体。

4.亮度

书店照明的亮度必须要有所提高，但亮度过高又容易导致眩光的产生。因此，应平衡好亮度与书店内部环境之间的关系。

↑ 照明要考虑儿童的视力要求

儿童的视力比较脆弱，因此书店内的儿童阅读区照度要控制为300～500lx。

↑ 合适的亮度能促进消费

灯光可以很好地促进消费，但过亮的灯光会使读者情绪焦躁，反而不利于消费；亮度过低的灯光，则会使人情绪低迷，也不利于消费。

5.照明方式

书店照明主要采用一般照明、局部照明和重点照明三种照明方式。一般照明能够保证书店内的整体亮度，局部照明则能为特定视觉的工作提供有效照明，重点照明则能很好地突出阅读主题；同时，吸引消费者入店。

↑ 一般照明

一般照明应具备均匀的亮度；可以充分结合自然光线，这样既能减少眩光，也能获得更经济的照明。

↑ 局部照明

局部照明适用于特定的区域，如过道或楼梯转角处；但要注意控制好光源的色温为3500K左右。

↑ 重点照明

书店重点照明主要用于书店标记或标识、促销书籍摆架与装饰陈列区的照明。这种照明方式能利用强烈明暗反差引起读者的关注，从而有效传递信息。

6.色温

色温会影响人的情绪。色温过高，会加深人的焦躁感和烦闷感；而色温过低，则很容易使人感觉疲劳。因此，在设计书店照明时一定要选择合适的色温。

↑ 书店台阶处的色温

书店内入口处照明色温为3500K左右，这样能营造一种舒适、轻松的环境。

↑ 书店内合适的色温

书店内的休息区通常由于用眼时间不长，因此可选择色温较低的光源；而书店内的阅读区则通常因用眼时间较长，易产生视觉疲劳，因此高色温的光源会更合适。

7.色彩

书店内陈设色彩包括书店墙面、地面、顶棚、家具以及其他装饰品的色彩等。书店陈设的色彩，多依据书店设计主题和设计风格而定。

↑ 色彩与灯光的协调性

书店陈设的色彩要能与灯光相搭配，店内书籍与家具摆设时要与灯光结合，给人一种空间得到延伸的视觉感。

↑ 色彩有不同的吸光性

不同色彩的吸光性会有所不同，黑色吸光性最强，白色吸光性最弱；应依据室内色彩的不同，选择合适的照度，以创造更适合的照明环境。

三、书店照明案例解析

照明器具：壁灯-LED（36W/4000K）；
灯具材质：金属；
灯具参考价格：178元。

照明器具：轨道射灯-LED（27W/5000K）；
灯具材质：铝；
灯具参考价格：98元。

照明器具：层板灯-T5灯管（10W/3000K）；
灯具材质：玻璃；
灯具参考价格：25元/m。

照明器具：吊灯-LED（36W/4500K）；
灯具材质：金属；
灯具参考价格：85元。

↑ 环绕式的灯光突出环形书店的特色魅力

轨道射灯和壁灯可以为环形书店提供各个角度不同的照射；同时，轨道射灯可每隔一定距离设置一组，光线比较均匀；设置壁灯时可重点突出书籍，使空间层次感更丰富。

↑ 书店展示区选择一般照明和重点照明效果会更好

展示区照明选择一般照明会更适合；特殊类别的书籍和艺术品则选择重点照明，以吸引阅读者的目光。

照明器具：轨道射灯-LED（18W/5000K）；
灯具材质：铝；
灯具参考价格：112元。

照明器具：吊灯-LED（36W/4000K）；
灯具材质：金属＋布料；
灯具参考价格：225元。

↑ 狭长的阅读区可选择成排的射灯

此处阅读区面积较小，整体比较狭长。可在座椅旁设计镜墙，书柜上方均匀排列的轨道射灯，其光线经过镜墙反射到书柜和桌面上，能有效缓解强光带来的刺眼感；同时，也使空间显得更宽敞、明亮。

↑ 靠近窗边的阅读区可选择亮度较低的灯具

此处书店阅读区靠近窗边，自然采光充足。吊灯作为阅读区的直接照明，可以为白天和夜间的阅读工作提供基本照度，吊灯暖光不会对人眼产生伤害；同时，也能与书桌和地板色彩很好地搭配在一起，保持整体统一。

照明器具：轨道射灯-LED（12W/5000K）；
灯具材质：金属；
灯具参考价格：98元。

照明器具：嵌灯-LED（12W/4000K）；
灯具材质：铝；
灯具参考价格：65元。

↑ 嵌灯与射灯营造明亮的阅读环境

书店顶棚射灯呈梯形分布，二楼与书柜在空间上呈现平行状态的射灯，为楼梯上的行走和阅读提供了合适的照明；同时，一楼顶棚的嵌灯也对小型书柜上的书籍进行直接照明，方便阅读。

照明器具：立灯-LED
（36W/4000K）；
灯具材质：玻璃＋金属；
灯具参考价格：260元。

照明器具：轨道射灯-LED
（12W/5000K）；
灯具材质：金属；
灯具参考价格：98元。

照明器具：嵌灯-LED
（5W/5000K）；
灯具材质：金属；
灯具参考价格：36元。

↑ 立灯和射灯为主次陈设分别照明

书店内的照明需以展现书籍特色为主；同时，还应注重次要陈设品的照明。此处书店提供一般照明，射灯具有明亮的光线，可为重点书籍提供重点照明和直接照明。

↑ 重点卖品应设计重点照明

书店内的销售区应对当季热销的书籍进行重点照明；同时，还应对具备特殊含义和价值的其他商品进行重点照明；照明时要能突出商品特色，依靠荧光灯和嵌灯来实现。

本章小结

　　办公区（室）、博物馆、书店都属于静态办公和文化空间，需要在照明设计中采用多种照明方式以提升人对空间的认知与兴趣；同时，还要能传递知识和文化。无论是灯具选择时，还是在照明方式方面，都必须充分结合建筑结构。照明设计应充分利用新型高能效灯具，以获得经济和科技方面的平衡。

第八章

商业空间照明设计全解

阅读难度：★★★★☆

重点概念：酒吧、咖啡馆、商业、营销、视觉效果

章节导读：商业空间照明应注重视觉效果与营销理念。其照明不仅要有照亮功能，还应能营造环境特色，并表现装饰风格；还应注重气氛营造，或热烈、奢华，或高冷、素雅。商业空间照明设计还应与装修材质特性相搭配，与软装修相结合，以求营造具有创新性的照明环境。

▶ 微信扫码 ◀

▶ 微信扫码 ◀

↑ 咖啡馆照明

大多数咖啡馆的设计配色比较深重，以达成装饰材料与咖啡固有色相的融合。但是，褐色材质的反射性较弱，会给环境氛围渲染带来困难。这时可以考虑增加灯具数量，通过结合室外自然采光，以调节色彩的沉闷。

第一节 | 酒吧照明设计

酒吧是典型的娱乐消费场所，除了销售酒水外，还常有现场乐队表演。酒吧照明设计时要注重表现细节。

一、分区域照明渲染

1.出入口照明

酒吧的入口往往也是出口，主要分为隐藏式和非隐藏式。隐藏式入口处的照明要求照度比较温和，但应与周边环境照明有所区别，以便于消费者能正确找到酒吧入口位置。非隐藏式入口处的照明通常要能突出酒吧主题。

↑隐藏式酒吧入口

隐藏式酒吧入口多设计巧妙，如入口造型设计成书架、电话亭等形式，其照明既要具备基本照度；同时，还要突出入口，但又不可太显得过于明显；可采用小范围射灯进行局部照明。

↑非隐藏式酒吧入口

非隐藏式酒吧入口多采用灯箱点亮酒吧的标记或标识，彩色灯箱能够突出酒吧的设计主题与特色；同时，也能吸引行人注意。

2.通道照明

酒吧通道主要分入口通道和酒吧内部通道。酒吧通道照明应具备高照度，以保证消费者安全、顺畅行走；同时，还需满足酒吧工作人员的基本视觉要求。

↑酒吧入口通道

酒吧入口通道狭长，其照明首先要能满足基本行走需要；其次，还需结合通道两侧墙界面与顶界面的贴面材质，设计出符合酒吧的主题照明。顶界面照明可采用嵌灯。

↑散座区之间通道

散座区之间的通道要控制好距离，为工作人员与消费者行走提供流畅的空间；可选用吊灯、射灯进行综合照明。

↑表演区与吧台之间通道

表演区与吧台之间通道可利用铺装材料以获得柔和的反射光源；同时，表演区和吧台也应为其提供间接照明。

3.吧台照明

吧台照明必须要重视消费者的视线方向，应能使消费者印象深刻。可以在吧台使用间接照明，突出吧台后方的展示架和展示品；同时，还可利用光影来营造私密气氛。

↑ 带有民族特色的吧台

民族特色吧台照明应当采用灯光柔和的灯具，以此来烘托酒吧低调且浓郁的民族特色氛围。

↑ 吧台照明

灯光要能照亮酒品；同时，还需为调酒师的表演提供任务照明。此处吧台下方设置了层板灯，吧台的上方设置了合适间距的吊灯，恰好能够为吧台工作提供合适的照度。

↑ 挑高吧台照明

挑高吧台照明所需的亮度相对较高。为了能够完整地照射整个吧台，多选择悬挂型吊灯进行直接照明，并配合内嵌式筒灯进行重点照明。

4.散座区照明

酒吧散座区的灯光要能够照亮消费者的表情，以营造愉悦的氛围；同时，还要结合酒吧的装饰主题，在每一个细节中突出设计感。

↑ 散座区照明

散座区可选择亮度适宜的吊灯作为主照明；同时，配合小亮度射灯对人脸进行照明。在布置照明灯具时，注意控制好照明间距与安装高度。

↑ 包厢式散座区照明

包厢式散座区为营造一种奢华、低调的感觉，可以选择在中心位置安装水晶吊灯或造型大气的铁艺吊灯，既能起到主要照明的作用，也能装饰散座区。

↑ 靠近吧台的散座区照明

靠近吧台的散座区为了产生更生动、活跃的照明效果，除设置固定的吊灯外，还可以设置可移动灯具，如落地灯、台灯等，以应对各种照明灯光的需求。

Tips 酒吧灯具选择

酒吧设计的光源和灯具选择性很广，但要与室内环境风格协调统一。酒柜内置的橱柜灯通常为LED灯具带，仅提供基础灯光，不需要重点照明。

5.表演区照明

　　酒吧表演区要能让观众看清楚舞台表演；可采用射灯或追光灯，能营造出或浪漫、温馨或热烈的氛围，以更好地带动观众情绪。

↑舞台表演区照明

舞台表演区还需设计效果灯，能更好地引起观众共鸣；可以选择定向型光束灯具，使表演区具备立体美感。

↑三角形表演区照明

三角形表演区因其造型特殊，照明时可选择轨道射灯来提供自由调节光照；同时，还需配备舞台灯以渲染表演氛围。

二、酒吧照明案例解析

1.照明要渲染情绪

照明器具：灯箱字-LED（150W/6500K）；
灯具材质：金属+亚克力；
灯具参考价格：4500元。

照明器具：吊灯-LED（27W/5500K）；
灯具材质：金属；
灯具参考价格：80元。

照明器具：层板灯-T5灯管（10W/4000K）；
灯具材质：玻璃；
灯具参考价格：25元/m。

↑灯箱设计体现蓝调酒吧门面的优雅气质

此处酒吧外装饰采用灯箱作为侧照与泛光照明灯具，使酒吧在夜色中尤为醒目。虽然没有采用霓虹灯渲染气氛，但这种简单的照明方式更能突出酒吧特色。

↑利用光影创造吧台私密的氛围

此处吧台的台面上方均匀设置了照度一致的射灯与吊灯；同时，在背景墙上方还设置有层板灯，用来照亮背景墙。这些灯光与周边环境形成强烈的明暗对比，加深了消费者印象。

照明器具：舞台灯-LED
（80W/5000K）；
灯具材质：铝；
灯具参考价格：460元。

照明器具：轨道射灯-LED
（120W/5500K）；
灯具材质：铝；
灯具参考价格：580元；

照明器具：天幕灯-LED
（560W/6000K）；
灯具材质：玻璃；
灯具参考价格：3500元。

↑中间的表演台光线不宜太过强烈

↑舞台灯可以更好地突出背景舞台

表演台的照明应能吸引观赏者的注意力；但灯光不可太亮，太过强烈的灯光不仅容易造成眩光，还会影响观赏效果。这里的表演台选用了轨道射灯以突出舞台表演，但照度较低，以与周边较暗的大环境相协调。

舞池选用了天幕灯作为背景舞台照明，并在台阶处设置了追光灯；这样既能彰显舞蹈者风采，又能有效防止踩踏事故发生。

2.照明要具有韵律感

照明器具：轨道射灯-LED
（27W/4000K）；
灯具材质：铝；
灯具参考价格：155元。

照明器具：层板灯-T3灯管
（27W/4500K）；
灯具材质：玻璃；
灯具参考价格：65元/m。

照明器具：轨道射灯-LED
（27W/4500K）；
灯具材质：铝；
灯具参考价格：380元。

↑音乐酒吧的表演台

↑大舞池可选用组合射灯进行照明

表演台选用下照轨道射灯以重点突出表演者，将观赏者的视线集中在表演者身上，增强参与感；灯光投射的光影与舞台墙面、地面形成独具特色的"光画"，使人沉醉其中，流连忘返。

音乐酒吧舞池较大，顶棚上方同时设置有轨道射灯和长条形灯管，与声控设备相结合，呈现出带有螺旋状的光影效果，美妙绝伦。

照明器具：墙角灯-LED（27W/4000K）；
灯具材质：玻璃；
灯具参考价格：85元。

↑ 酒吧出口处的楼梯照明

音乐酒吧出口处的楼梯照明以白光灯为主。楼梯通道在不同方位设置了轨道射灯和墙角灯，将楼梯拐角与踏步清楚呈现出来：一方面，引导消费者前往收银台结款；另一方面，也能为行走提供安全照明；同时，灯光在墙面上形成的光影也极具节奏感。

第二节 | 咖啡馆照明设计

咖啡馆通常选择开设在交通方便、客流集中的区域。咖啡馆的照明设计具有较强的专业性，其设计的最终目的也是为了更好地提供服务。

一、照明设计分点解析

1.合理选择照明亮度与色彩

咖啡馆的灯光应能够吸引消费者目光，引导其进店消费；同时，应体现室内风格特色与咖啡口味特点。可以选择与周边环境呈对比色的灯光，以此激发顾客的好奇心；或采用柔和暖光，营造浓郁的温馨感。

↑ 照明要与自然光相结合

为了在室内营造出自然光影感，咖啡馆内照明多使用隐光，白天时多利用自然光照明；可选择一些半透薄纱窗帘，加深空间层次感。

↑ 咖啡馆桌面照明

咖啡馆桌面上方安装吊灯或者选择烛台灯，低亮度能渲染出浪漫的气氛。

↑ 咖啡馆光色的选择

咖啡馆内多采用暖光。可将其与红色、橙色、黄色等色彩相结合，为馆内营造温馨、舒适的氛围；同时，这种氛围也能令人放松心情。

↑ 咖啡馆气氛营造

咖啡馆内收银处和入口处应设置亮度较高的灯光，让付款过程清晰、明了。

咖啡馆根据功能分区可将照度划分成不同层次，并根据需要选择合适的照度。

为了更好地体现照明的作用，咖啡馆内的装修色调最好选择比较明朗的色系，如米色、黄色或原木色等，灯具造型也应符合馆内装饰风格；同时，灯具的安装高度和间距可参考空间层高和咖啡馆整体面积。

↑ 咖啡器具的照明

光线能吸引消费者的视线，可以选择投光灯或比较柔和的日光灯为咖啡器皿提供照明，这样也能突出咖啡品牌，并加深空间的立体感。

↑ 照明要突出主体设计

咖啡馆室外要注意处理好与周边同类型咖啡馆的亮度表现；室外门头可采取重点照明，并注意合理利用灯具。

↑ 暖黄色的咖啡馆内墙

暖黄色的内墙面能够为咖啡馆营造温暖的感觉，可搭配布艺沙发和木质方桌；同时，配合下照式的球形吊灯，空间冷暖色调相结合，层次分明，十分有情调。

↑ 充分利用自然光

窗边座位上方设置有下照式吊灯，吊灯悬挂高度一致，外罩各具特色；白天自然光可为馆内提供照明，夜晚灯光搭配窗外的夜景，则又是另一番风景。

2.不同的功能分区照明

咖啡馆内的功能分区主要包括桌、椅摆放区域，艺术装饰品陈设区域与服务通道区域。这些功能分区应根据区域特色选择合适的照明方式，并注意突出重点。

↑桌、椅摆放区域照明

桌、椅摆放区域是顾客品尝咖啡的区域，照明时应营造舒适、浪漫的氛围；可采用一般照明和局部照明相结合的方式来突出咖啡口味特点和桌、椅等特色。

↑服务通道区域照明

服务通道区域的照明要依据咖啡馆内的空间结构特点来设计。服务通道区域的灯光主要用于引导顾客进店，需要设置向上或向内伸展的灯光，使顾客可以沿着灯光进入咖啡馆二层。

3.灯具的不同选择

照明设计所呈现的最终视觉效果，仍需通过照明灯具来实现。因而为使咖啡馆塑造出更具视觉性与创新性的室内环境，照明灯具的选择必须要慎重。应尽量选择具有实用价值和观赏价值的创意灯具。

↑台灯

台灯和壁灯主要提供气氛照明或一般照明。为了使咖啡馆内气氛不会太过单调，可在整体照明中增加几盏台灯来补充台面照度不足。但要注意处理好眩光，控制好灯具的照射方向。

↑吊灯

吊灯造型华美，很容易成为人们关注的焦点；咖啡馆内中心位置处可通过设置创意吊灯，以提高咖啡馆的品位和档次。

↑筒灯

筒灯造型简单，照度合适，可以与其他灯具结合，以使咖啡馆获得均匀的照度；还可以为墙面装饰画，提供很好的补充照明。

↑层板灯

咖啡店可安装灯带、层板灯等装饰性较强的灯具。这些灯具安装便捷，可以很好地与馆内环境相融合。

二、照明要注重氛围的营造

氛围的营造是提升咖啡馆附加值的重要条件之一。咖啡馆多追求浪漫、温馨的气氛。装修精美的咖啡馆不仅具备良好的室内陈设环境，店内的灯光环境也能令人放松心情，缓解工作带来的压力。

咖啡馆氛围的营造还可以通过不同照明组合来实现，馆内多采用一般照明与间接照明相结合的方式，部分区域则会采用装饰照明。此外，咖啡馆内白天照明和夜间照明所要营造的氛围会有所不同。

咖啡馆内的一般照明应考虑店内的整体亮度，需考虑室内装修材料的反射性、吸光性，并根据所得数据进行照明分配。

↑闲适的室内氛围

陈设装饰品与灯光相结合可以营造出闲适的气氛。储物架上方放置了书籍和绿植，散而有神；同时，搭配自由调节的轨道射灯，墙面光影斑驳，室内闲适感也更浓郁。

↑浓郁的欧式风情

玲珑有致的吊灯、壁灯，装饰性极强；和煦的灯光为咖啡馆带来温馨的感觉，灯具曲折的线条处处彰显着欧式特色，引人流连。

↑咖啡馆白天照明

白天可充分利用窗户获得自然光；同时，可在窗边或墙面设置艺术吊灯或壁灯，为馆内提供壁面照明。这样既能充分发挥灯具的作用；同时，也创造出舒适的空间感。

↑咖啡馆夜间照明

咖啡馆夜间照明应当在主要区域、桌面、墙面等重点展示区设置灯具；可选择壁灯、嵌灯或吊灯等，以获得充分的亮度；还可在馆内适量安装调光灯具。

↑灯光一般照明

咖啡馆内座椅多为木质、藤编或布艺材质。在相同光照条件下，这些材质所反射的光照强度会有所不同，应选择合适的照射方向，以求营造出更好的光环境。

↑灯光与日光结合的一般照明

一般照明时还要注意墙面、地板、顶棚、桌面之间的照明，既要有所区别，避免单调；又要有所统一，避免杂乱。

三、咖啡馆照明案例解析

1.照明要衬托设计主题

照明器具：嵌灯-LED（12W/5000K）；
灯具材质：铝；
灯具参考价格：65元。

照明器具：灯箱-LED（55W/4500K）；
灯具材质：金属+亚克力；
灯具参考价格：650元。

照明器具：吊挂射灯-LED（27W/4500K）；
灯具材质：铝；
灯具参考价格：112元。

照明器具：吊灯-LED（36W/5500K）；
灯具材质：金属；
灯具参考价格：120元。

↑门头设计应能吸引行人目光

明亮且具备特色的门头自然会吸引更多的消费者，咖啡馆选用文字灯箱来表现标识或标记；通过搭配5个嵌灯来照亮自行车和蓝色座椅，能突出咖啡馆的设计主题，表现出小清新的设计格调。

↑收银处照明要注重饮品展示

收银处选用蓝色吊灯作为一般照明；还选择了轨道射灯对墙面装饰物与收银台处的菜单进行重点照明，清晰可见的彩色文字预示着咖啡馆内具有多种饮品可供消费者选择。

照明器具：轨道射灯-LED（21W/4000K）；
灯具材质：铝；
灯具参考价格：85元。

照明器具：吊灯-LED球泡灯（30W/3500K）；
灯具材质：金属+玻璃；
灯具参考价格：65元。

↑光影与实物的交汇创造出更有韵味的主题

咖啡馆展示墙上是拆解的自行车，射灯照射到墙面上形成强烈的光影效果；同时，咖啡馆的主题也得到了升华。

↑具备特色的灯具更吸引人

灯具造型以自行车轮为参照物，表现出了设计主题；自行车轮造型的吊灯采用LED球泡灯，既安全又节能。

2.直接和间接照明要运用恰当

照明器具：射灯-LED（13W/4000K）；

灯具材质：铝；

灯具参考价格：78元。

照明器具：吊灯-LED（21W/3500K）；

灯具材质：玻璃；

灯具参考价格：265元。

↑ 收银处的照明要能突出主体

咖啡馆的收银处主要突出两点：一是柜台；二是柜台后的陈设展品。这里采用了玻璃吊灯作为柜台处的直接照明；同时，选用了轨道射灯、嵌灯、层板灯对展品、装饰画等进行间接照明和重点照明，使得咖啡馆设计更丰富，更有情调。

照明器具：嵌灯-LED（5W/4000K）；

灯具材质：铝；

灯具参考价格：36元。

照明器具：壁灯-LED（18W/3500K）；

灯具材质：金属+玻璃；

灯具参考价格：235元。

照明器具：吊灯-LED球泡灯（30W/4500K）；

灯具材质：金属+玻璃；

灯具参考价格：175元。

照明器具：层板灯-T5灯管（10W/3500K）；

灯具材质：玻璃；

灯具参考价格：25元/m。

↑ 嵌灯与壁灯的相互补充

嵌灯作为咖啡馆卡座区直接照明时，其照度比用于间接照明的壁灯要高；这两种照明方式相互补充，有效提升了咖啡馆的视觉效果。

↑ 低照度的直接照明能提升文艺气息

玻璃外罩球形吊灯散发着柔和的光芒，与顶棚暖色层板灯完美结合，表现出咖啡馆内浓郁的怀旧感和温馨感。

第三节 | 服装专卖店照明设计

服装专卖店照明设计主要是为了给消费者提供舒适的购物环境；同时，还应促进消费。服装专卖店在设计照明时应当结合商店自身的风格特色，运用灯光来提高商店的核心竞争力。

一、合适的照明方式突出主题

1.LOGO与入口照明

服装专卖店LOGO（标志或标识）的照明设计要求明亮醒目，能够使人印象深刻；多选用LED柔性霓虹灯提供照明，可营造欢快、热烈的购物氛围。霓虹灯可采用多种颜色，可设计成各种形状。为了使LOGO更加具有吸引力，霓虹灯颜色一般以单色和活跃性较强的红色、绿色、白色等颜色为主。服装专卖店入口处照明除了要突出主题外，还应利用灯光以有效延展空间，给人大气、高贵的感觉。

↑照明活跃气氛

使用霓虹灯作为LOGO照明时，可利用灯光色彩的巧妙变化来给予服装店更强的动态感，更好地活跃店内气氛，使服装店更富吸引力。

↑入口处的照明要能扩大空间

服装专卖店的入口处照明色温应当在4000K以上，主要以白光为主，也有部分会选择暖白光；为营造明亮、轻松的购物环境，可以在视觉上延展服装店的空间。

↑通过照明吸引消费者

由于人具有一定的趋光性，因此可在服装专卖店门头或商店侧边安装射灯以照亮入口，提高商店与外界的照度比，营造亮度相对较高的场景以吸引消费者进店。

2.橱窗照明

橱窗的主要功能是展示服装品牌的风格，彰显季节服装特色；可通过营造服装主题场景来展示重点陈列商品，并搭设具备丰富故事元素的主题来辅助店内陈设，以便能更好地促进消费。

↑利用灯光提升档次

灯具类型不同，照射角度不同，最后所呈现的橱窗空间感也不同；设计橱窗照明时可选择合适的照射方向，以便能更好地展现服装的风格与特点。

↑柔和的橱窗灯光

橱窗照明可选择从上至下照射，既能突出服装，营造美观的视觉享受；还可利用轨道射灯进行照明，以便能自由调节灯光。

橱窗可分为高橱窗与低橱窗，因此要根据橱窗类型选择合适的照明方式。通常展示高度在3500mm以上的称为高橱窗，3500mm以下的称为低橱窗。

↑高橱窗

高橱窗要避免产生昏暗的视觉感，照明时注重突出服装的造型和材质。

↑低橱窗

低橱窗可使用不同角度的灯具以营造空间层次感，应注意控制好光线的照射方向。

服装专卖店的橱窗照明不仅要注重美观性；同时，还需注重功能性。为了能更好展现服装质地，橱窗内的亮度应当比卖场内部亮度高出2~3倍。但是，不可使用太强的光线，以免产生眩光。此外，橱窗还可细分为封闭式橱窗、半封闭式橱窗、开放式橱窗等。封闭式橱窗可进行相对独立的布光，灵活性较强；半封闭式和开放式橱窗照明要考虑与商店内部灯光相呼应。

↑封闭式橱窗照明

封闭式橱窗是一个独立的空间，自由调节度比较大；可以根据空间大小，选择合适的照明灯具。一般多采用小型艺术吊灯搭配射灯照明，既能丰富空间形式，又能达到照明的目的。

↑半封闭式橱窗照明

半封闭式橱窗与店内陈设同属一个区域，且橱窗内陈设变化较大。为了应对这种变化，多采用可以自由调节照射方向和照射距离的轨道射灯照明。

↑开放式橱窗照明

开放式橱窗可以适当提高橱窗的亮度，还可对橱窗中服装的设计细节部位进行重点照明。

3.试衣间照明

试衣间的灯光重在营造舒适的视觉环境，能够让消费者轻松欣赏服装，观察服装搭配效果。因此，试衣间照明要具备良好的显色性，做到店内试衣与回家试衣效果有所不同。

↑镜前照明要给予人舒适感

试衣间要注重镜前灯光照明；镜前灯光应能提供红润、自然的肤色照明，让照镜子的人感觉到舒适。

↑试衣间照明色温要合适

试衣间的灯光要具备较好的色彩还原性，能够让消费者观察到服装的真实色彩；同时，可以采用色温较低的光源，以此营造出温馨、舒适的试衣环境。

4.服装展示区照明

服装展示区主要展示当季的特色服装。照明时可以选择较亮的光线，还可选择射灯作为重点照明。设计照明时，要注意光线的明暗对比与色彩对比的处理，尽量采用防眩光灯具。

↑服装展示区灯光

服装展示区灯光与周边环境应有明显的强弱对比，不仅可以突出服装展示区的重要性，亮度较高的光线也更容易突出服装特色。

↑服装展示区色温

服装展示区照明同样需要促进消费者的购买欲，色温一般为3000~3500K，显色指数（R_a）一般大于80，以便能更清晰地展现服装的魅力。

5.陈列区照明

陈列区主要分为衣架陈列区和货架陈列区。通常大衣、裙装等会选择放置在衣架陈列区，而裤子、衬衣、T恤等会放置在货架陈列区。

↑ 衣架陈列区照明要突出重点

衣架陈列区的照明应集中在所要展示的服装上，并选择能展现服装自然色调的光源。在衣架陈列区附近，还可设置嵌入式或悬挂式灯具，这样能更清晰地展现服装的材质和纹理。衣架陈列区的照度通常要大于750lx，色温为2800~3000K，显色指数（R_a）一般大于90。

↑ 货架陈列区侧光照明

为了避免灯光在货架陈列区产生阴影，可以选择方向性不明显的漫射照明，通过搭配侧光照明，这样能更好突出服装的立体感。货架陈列区的照明除了要体现服装的视觉效果之外，还需突出服装品牌特色，并促进完成消费。

> **Tips** 服装专卖店照明设计要求冷暖灯光结合
>
> 冷暖结合的灯光能够给人温馨感和柔和感，更能展现服装的设计细节和设计特色。如果采用直接照明，通常应选择照度在1000lx以上的灯具。

二、照明设计的原则

服装专卖店照明要能吸引消费者关注某一件或某一个区域的服装。通常服装专卖店会结合基础照明、重点照明、装饰照明进行灯光布局，以此来加强服装专卖店的层次感。服装专卖店各区域照明类型及要求可参考表8-1。

表8-1 服装专卖店各区域照明类型及要求

照明类型	照明范围	亮度	照明目的	光效要求	设计方法	照射方式
基础照明	全面	中	满足消费者的基本购物需求	均匀、平和	选择嵌入式灯具或吸顶灯，灯具要分布均匀	直接照明、间接照明、漫射照明

续表

照明类型	照明范围	亮度	照明目的	光效要求	设计方法	照射方式
重点照明	局部	高	要能突出重点服装，能吸引消费者，激发购买欲望	立体感强	采用固定式射灯或轨道射灯照明，亮度是基础照明的3～5倍	直接照明
装饰照明	局部	低	营造氛围，增强光照效果	柔和、丰富	选用装饰性较强的灯具且具有色光源	漫射照明、间接照明

1.照明要符合整体装修风格

服装专卖店的照明要根据店内总体装修风格的背景色来决定冷光或暖光。装饰背景色对灯光的明暗对比度有很大影响，不同色系的背景色所呈现的阴影深浅度会有所不同。

2.照明应具备良好的色彩还原性

人的视觉对色彩具有一定适应性，同一种颜色的服装在不同强度的光线照射下，因服装材质不同，所反射的色光是不同的。要充分考虑服装的材质与灯光亮度之间的关系，既要避免亮度过高产生的升温过快问题，又要保证亮度能展现服装的固有色与材质特色。

眩光一直是照明设计中存在的问题。服装专卖店灯具一定要均匀分布，使空间获得均匀亮度，且明暗对比不会过于明显。

↑基本灯光照明（基础照明）

服装专卖店的基本灯光要能保证店内总体照明，主要包括店内通道照明、墙顶面照明；照明时要注意亮度控制，通道照明亮度可以高一些。

↑照明要与风格统一

服装专卖店内所选择的灯具造型、灯光冷暖度、明暗对比度，以及色调等都应与店内装修风格保持一致。例如，以白色为主的店面室内空间，灯光不易选择偏黄的光色，这样会使服装店显得凌乱和有些昏暗。

↑服装照明

在设计服装专卖店的照明时可以多角度、多方位调节适合的照明角度，避免眩光的产生，并选择合适的直射光源区域。如果店内镜子较多，还需考虑镜面反射对照明效果的影响。

↑调整照明角度以避免眩光

使用基础照明可让整个空间保持合适的明亮光线感。为了重点突出服装，可以选择在局部重点照明。但应尽量不选择有色灯光，这样会混淆消费者对服装本色的认知，影响消费者的视觉感受。

3.照明要注重安全性

服装专卖店中各类灯具的电路布局错综复杂，稍不留神就容易引发火灾。应确保灯具的用电负荷处于正常范围，灯具分布间距应恰当，光源散热良好等。

4.合适的照明方式

展示的服装风格和特色不同，所要营造的设计主题不同，最后所需要的照明方式也就不同。因此，服装专卖店通常多采用一般照明和重点照明或者二者相结合的照明方式。也有小部分区域会使用任务照明（或特殊照明）和情境照明，这两种照明方式均可用于特定场所；其灯光的亮度要求不同，最终呈现的照明效果也会有所不同。

↑服装专卖店的安全照明

服装专卖店属于公共空间，且日常人流量较大，店内照明应能保障公众的人身安全；照明设计既要能使服装专卖店具备一定的艺术美感；同时，也要能够具备高的安全保障。

↑一般照明

一般照明决定了服装专卖店的视觉基调；店内采用均匀布置且整齐对称的灯具，能营造出更简洁、大方的购物环境。

↑重点照明

重点照明要能让精品服装脱颖而出，应注意控制灯具的照射方向。

↑特殊照明

特殊照明是通过色彩搭配以提高服装店的魅力和感染力；多采用聚光灯、荧光灯等照明设备。

↑情境照明

情境照明可用于橱窗照明，要控制好区域之间的照度变化与亮度对消费者心理的影响等，并注意体现个性。

三、服装专卖店照明案例解析

1.要控制好灯具间距

照明器具：吊灯-LED（35W/5500K）；
灯具材质：金属＋玻璃；
灯具参考价格：120元。

↑重点照明和一般照明相结合

服装展区选择了侧照的轨道射灯，重点突出中心区域的服装；同时，均匀排列的球形吊灯作一般照明，使服装展区层次更加分明。

照明器具：射灯-LED（21W/5500K）；
灯具材质：铝；
灯具参考价格：98元。

↑借助自然光突出服装材质

自然光能够展现服装材质的真实纹理。这里选用了局部射灯与窗外的自然光相结合，多角度照射使得服装材质的质地与纹理清晰展现在消费者面前。

照明器具：落地灯-LED（21W/5500K）；
灯具材质：金属；
灯具参考价格：240元。

↑落地灯能为异形空间提供适合照度

由于异形空间位于楼梯下方，本身就具备比较好的反射条件；这里将单体落地灯放置于沙发旁，灯光经过反射后，一部分光源照向灯具后方的亚麻服装，另一部分照向沙发，达到了双向照明的效果。

照明器具：层板灯-T5灯管（18W/3500K）；
灯具材质：玻璃；
灯具参考价格：55元/m。

↑多层楼梯要设置灯具

又窄又长的多层楼梯不宜设置密集灯具，这样会容易产生眩光；此处灯具选用了能够带来舒适感的层板灯，且间距控制比较合理，不会产生重影。

2.照明要区分陈列区和展示区

照明器具：台灯-LED
（25W/3500K）；
灯具材质：亚克力；
灯具参考价格：155元/m。

照明器具：层板灯-T5灯管
（21W/4000K）；
灯具材质：玻璃；
灯具参考价格：65元/m。

照明器具：轨道射灯-LED
（21W/3500K）；
灯具材质：铝；
灯具参考价格：85元。

↑**LOGO色温要与室内整体色温协调**

LOGO照明选用了侧面泛光照明，使得LOGO更具有立体感，非常醒目，吸引消费者的注意。

↑**等候区选择组合照明**

等候区面积较大。在沙发处选用轨道射灯作为一般照明，展示架上的商品配有重点照明，陈列品上方设置有层板灯，亮度适中，既能达到渲染商品的目的；同时，也不会因亮度太高而与等候区的一般照明发生冲突。

照明器具：发光顶棚-LED（21W/4000K）；
灯具材质：铝；
灯具参考价格：350元/m²。

照明器具：壁灯-LED（18W/4500K）；
灯具材质：金属＋布料；
灯具参考价格：150元。

↑**单件展示选择重点照明更能突出服装特色**

橱窗为了表现婚纱的材质，在吊顶上方制作了发光顶棚，与环绕在婚纱周边的镜子形成了错觉，使消费者将重心放到婚纱上，从而激发消费者的购买欲。

↑**合适的亮度才能缓解等待的焦急感**

等候区照明亮度适中即可。沙发上方的层板灯为其提供了基础照明，墙壁上的壁灯对展示婚纱进行重点照明，具有一定的观赏性。

第四节 珠宝专卖店照明设计

珠宝专卖店主要销售珠宝、黄金饰品等，在设计照明时需要根据珠宝类别设置照度和色温，以便更好地展现珠宝的魅力。

一、巧用灯光彰显店面奢华感

1.入口照明

珠宝专卖店的入口照明仍要求足够醒目，能够吸引路人的注意。其灯光能够起到引导作用，促进消费者进店消费。应注意结合门头的造型来设计照明；同时，还要注意防水和灯具维修更换等问题。

↑入口处LOGO照明

珠宝专卖店的入口使用清晰的LOGO发光字，门头下方还设有内嵌式射灯，下照式灯光会带来安全感并促使消费者入店选购。

↑店面整体照明需统一

当整栋大楼都是同一家店面时，建筑外部灯光需选择比较温和的灯光，以突出店面特色。入口台阶处还需设置重点照明，以保证消费者入店的安全。

2.橱窗照明

珠宝专卖店的橱窗基本可分为三类，即封闭式、半封闭式、开放式。封闭式珠宝专卖店橱窗为独立整体，可以进行独立布光，所选择的灯具品种也较多，自由调节度较大；半封闭式与开放式珠宝专卖店橱窗应与店内风格保持一致，因此灯光限制较多。设计珠宝专卖店橱窗照明时，应根据不同的店面形式，采取不同的灯光配置。

↑封闭式珠宝专卖店橱窗

封闭式珠宝专卖店橱窗照明应当根据珠宝种类选择合适色温，通常在3300~4300K色温的灯光照射下能够显示出最佳效果。

↑半封闭式珠宝专卖店橱窗

半封闭式珠宝专卖店橱窗多选择内嵌式射灯或筒灯照明，照度一般控制在2500~3000lx。

↑开放式珠宝专卖店橱窗

开放式珠宝专卖店橱窗多选择情境照明和重点照明相结合的方式，灯光要求能够体现珠宝本色与细致工艺。

优质的珠宝专卖店应给予公众奢华、大气的视觉感，这样能更好地衬托店内珠宝的价值；同时，珠宝专卖店还需注重眩光处理。这是由于珠宝本身具有比较强的反射能力，一旦灯光太过杂乱，不仅不会有星光璀璨的视觉感，反而会令人产生视觉疲劳，严重时可能会导致头晕。

3.洽谈区照明

洽谈区照明为营造舒适、轻松的沟通氛围，灯光的亮度不可设置过高，以免引起人的不适；可设置有装饰性且能防眩光的照明器具。

4.陈列柜与展示区照明

陈列柜与展示区照明的主要目的除了突出珠宝特色之外，还应能辅助店内基础照明，以更好地吸引消费者。

↑珠宝专卖店橱窗创意照明
调整背景板与灯具之间的照射距离能够形成阴影，可为橱窗照明提供更多的创新性。

↑珠宝专卖店橱窗场景照明
珠宝专卖店橱窗有不同场景，照明时要突出场景主体；多采用自由调节度较高的轨道射灯来满足不同方向的照明需求。

↑洽谈区灯具
洽谈区可以选择造型简单的吊灯，灯具的色温不宜过高，要求照明时能清晰照亮人的面部表情即可。为了方便营业员更好地向消费者推荐店内产品，光线应多集中在工作台面上。

↑洽谈区照明数据
珠宝专卖店洽谈区的整体空间照度要控制在200～300lx，色温为4000K左右；可以设置适量的重点照明，但必须注意重点照明的照度应大于600lx，空间显色指数（R_a）应大于90。

↑陈列柜照明
陈列柜照明多选择组合照明，柜内照度为400～500lx，重点区域照度为800～1000lx。

↑展示区照明
展示区照明中的各类制品参考灯光色温：黄金类制品3000K；彩金类制品3500K；铂金与白银类制品4000K。

5.墙面照明

墙面照明在很大程度上也可以提升珠宝专卖店的设计档次；墙面照明的侧重点不同，所呈现的视觉效果也会有所不同。

6.柱面照明

柱面照明一般采用直接照明、间接照明、内透光三种照明方式。这三种照明方式所产生的照射面积会有所不同，可依据店内建筑结构来进行选择。

↑ 墙面照明

墙面多为重点照明，可选择射灯进行墙面照明；同时，可搭配洗墙灯或层板灯进行墙面照明。

↑ 注意墙面照度

墙面照明的照度要低于柜台照明，以便更好地突出珠宝；同时，在设计墙面照明时，还需充分考虑墙面材料的反射能力与墙面的色彩和材质。

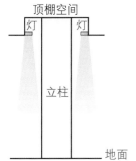

↑ 柱面直接照明

柱面直接照明是将灯安装在与柱面相近的吊顶构造上；光源可以直接产生下照光，从而照亮柱面。

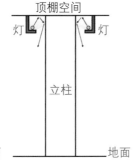

↑ 柱面间接照明

柱面间接照明多使用条形灯；可将灯镶嵌在吊顶的灯槽中，使光线照射到顶面后能反射到立面柱体上；注意柱子的贴面材料不同，所反射的光线也会有所变化。

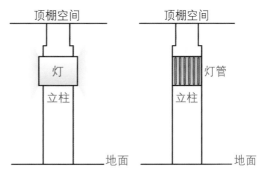

↑ 使用内透光方式进行柱面照明

在柱子上部嵌入灯管，通过灯管均匀发光，从而增大柱面发光面积，达到提升装饰效果的目的。

★ **照明答疑解惑**

问： 钻石光卤素灯更适合钻石照明吗？

答： 是的。钻石光卤素灯不仅灯具效率较高，寿命也相对较长；它的光线比较柔和，热辐射也较小且光色丰富，色温约为6500K左右。这种冷光适合钻石照明，投射效果更接近自然光线，能够很好地展现钻石的棱角细节和钻石璀璨的光芒，

二、综合考虑照明设计

对珠宝的了解不能仅停留在表面，珠宝本身的特质必须纳入照明设计的考虑之中。珠宝专卖店在设计店内照明时，不可只追求高亮度的室内照明环境，还需考虑光源的合理配比；区域之间的亮度差过大，反而会使店内阴影重叠，产生不好的视觉效果。

不同色温的灯光会形成不同的空间分区，而且灯光色彩对于最终呈现的视觉效果会有很大影响；店内陈设的艺术品、橱窗的背景板等，都会对照明效果产生影响。

珠宝专卖店照明设计时还可以适量采用装饰照明来渲染气氛，应控制好灯具的照射方向与灯具数量，避免与店内其他装饰构造产生冲突。

↑ 平衡的亮度比

珠宝专卖店的照明应注重光源的比例分配，以此来区分销售的主体与非主体，才能有效营造空间层次感。

↑ 照明要考虑灯光的破坏性

亮度过高的灯光具有较强的电磁辐射且由于升温过快，灯具的热辐射量也会增大，会破坏珠宝本身的色泽。

↑ 灯光的色彩

珠宝专卖店的灯光色彩应有所变化，还要有所统一；灯光色彩应与陈设品的色彩相呼应。

↑ 材质与灯光

不同的色温与照度能够赋予材质不同的视觉体验。例如，冷光源给予消费者冷静之感；暖光源则给予消费者舒适之感等。

↑ 装饰照明

装饰照明要区别于店内的基础照明和重点照明，装饰照明通常仅起到烘托店内环境的作用。

↑ 低亮度照明

珠宝专卖店的装饰照明亮度不宜过高，应能与店内的整体照明相协调。

三、珠宝专卖店照明案例解析

1.不同区域的珠宝适合不同的色温

照明器具：嵌灯-LED（12W/5000K）；
灯具材质：铝；
灯具参考价格：65元。

照明器具：层板灯-T5灯管（21W/4500K）；
灯具材质：玻璃；
灯具参考价格：65元/m。

↑合适的色温和照度营造氛围

照明应营造轻松愉悦的沟通氛围；整体空间照度控制在200～300lx，色温为3800K左右。此处选用了L形排列嵌灯作为重点照明。

照明器具：层板灯-T5灯管（18W/4500K）；
灯具材质：玻璃；
灯具参考价格：55元/m。

照明器具：吸顶灯-LED（80W/4500K）；
灯具材质：铝＋玻璃；
灯具参考价格：2560元。

照明器具：嵌灯-LED（12W/4000K）；
灯具材质：铝；
灯具参考价格：56元。

↑环形的入口要选择与之相配的灯具

入口处要能体现明亮感。环形入口区域的顶棚设计了花形吊顶，选用照度适中的水晶大吊灯，为店内陈设提供了基础照明。流苏水晶吊灯的光影在地面上投射出特色图案。

↑柔和的光线更能突出宝石的色泽

珠宝专卖店橱窗选用了能突出宝石特色的LED嵌灯，光线比较柔和，光色丰富，热辐射小。

2.照明营造大气感

照明器具：嵌灯-LED
（12W/4500K）；
灯具材质：铝；
灯具参考价格：65元。

照明器具：层板灯-T5
灯管（21W/4000K）；
灯具材质：玻璃；
灯具参考价格：65元。

照明器具：嵌灯-LED
（36W/3500K）；
灯具材质：玻璃；
灯具参考价格：680元。

↑排列整齐的灯具能营造出金碧辉煌的视觉感

珠宝专卖店入口处照明要与店内整体照明相协调，能给人一种很高档的感觉。这里的入口照明和整体照明都选用了嵌灯，并配有层板灯，营造出辉煌、明亮的气氛，既方便挑选饰品，也能吸引人流。

照明器具：轨道射灯-LED
（12W/4200K）；
灯具材质：玻璃＋铁件；
灯具参考价格：98元。

照明器具：吊灯-LED
（55W/3500K）；
灯具材质：铝；
灯具参考价格：890元。

照明器具：嵌灯-钻石光卤素灯
（3W/3200K）；
灯具材质：铝；
灯具参考价格：36元。

↑陈列区的照明更要分清主次

陈列区照明要注意店面环境照明与重点照明的关系。陈列区上方均设置有轨道射灯，下照式照明能很好地体现珠宝的魅力；铁艺艺术吊灯则为店面环境提供了照明，空间有主有次，不凌乱。

↑小橱窗选对合适的光源也能营造大气之感

小橱窗照明选用了钻石光卤素灯，灯光显色效果好，能很好地展现珠宝的魅力。

本章小结

　　照明的灵活性和功能性对商业空间的塑造起到了很大作用。在四种商业空间照明设计中，应充分考虑室内色彩、材质对灯光的影响，明确灯具造型、照度值、灯具布局对视觉效果的影响。在照明设计过程中，还要学会合理运用不同的照明方式。照明设计还应做到以人为本，安全第一；注重灯光给予消费者的心理感受，以营造更迎合大众的照明环境。

参考文献

[1] 日本靓丽社. 庭院灯光造景设计 [M]. 福州: 福建科学技术出版社, 2013.

[2] 塞奇·罗塞尔. 建筑照明设计 [M]. 天津: 天津大学出版社, 2020.

[3] 曹孟州. 室内配线与照明工程 [M]. 北京: 中国电力出版社, 2014.

[4] 方光辉, 薛国祥. 实用建筑照明设计手册 [M]. 长沙: 湖南科技出版社, 2015.

[5] 杜丙旭. 室内灯光设计 [M]. 沈阳: 辽宁科学技术出版社, 2011.

[6] 刘祖明. LED照明设计与应用 [M]. 3版. 北京: 电子工业出版社, 2017.

[7] 杨清德, 等. LED照明设计及工程应用实例 [M]. 北京: 化学工业出版社, 2013.

[8] 许东亮. 城市与建筑照明设计系列——光的解读 [M]. 南京: 江苏科学技术出版社, 2016.

[9] 庞蕴繁. 视觉与照明 [M]. 2版. 北京: 中国铁道出版社, 2018.